# ま え が き

　本書は，「電気回路」を効果的にトレーニング学習できるよう，つぎの点に留意して編集しました。

（1）　各小単元ごとに「トレーニングのポイント」を設けて要点をまとめてあります。練習問題は，「ステップ 1」として，空白記入問題などによって基本的な事柄の理解を確かめ，「ステップ 2」として計算問題，記述問題によって理解を確実にし，「ステップ 3」として発展問題を配列しました。

（2）　重要な問題は，「例題」として取り上げ，丁寧な解説を加えて解答例を示しました。

（3）　必要に応じて問題解決のためのヒントを示し，余白を設けて，書き込みできるよう工夫しました。

　本書はコロナ社版工業高等学校検定教科書「電気回路（下）」の単元配列に従って編集してあります。この教科書を使用される皆さんには大変使いやすく，また，他の教科書を使用している皆さんにも学習効果が上がるものと確信しています。さらに，電気・電子系の各種国家試験，資格試験などの受験用にも活用できます。

　本書の編集の意図をよく理解されて，有効に活用されることを念願いたします。

　2021 年 7 月

著 者 一 同

JN049063

# 目　　　次

## 6. 記号法による交流回路の計算

6.1 交流回路の複素数表示 ……………………… 1
6.2 記号法による交流回路の計算 ……………… 6
6.3 回路網の計算 ………………………………… 28

## 7. 三相交流

7.1 三相交流回路 ………………………………… 34
7.2 三相交流電力 ………………………………… 43
7.3 回転磁界 ……………………………………… 46

## 8. 各種の波形

8.1 非正弦波交流 ………………………………… 48
8.2 過渡現象 ……………………………………… 56
8.3 微分回路と積分回路 ………………………… 62

ステップの解答 …………………………………… 64

## 電気回路（上）トレーニングノート 目次

### 1. 電気回路の要素

1.1 電流と電圧 …………………………………… 1
1.2 電気抵抗 ……………………………………… 6
1.3 静電容量 ……………………………………… 9
1.4 インダクタンス ……………………………… 11

### 2. 直流回路

2.1 抵抗の接続 …………………………………… 13
2.2 直流回路の計算 ……………………………… 19
2.3 電流の作用 …………………………………… 24
2.4 電　池 ………………………………………… 27

### 3. 静電気

3.1 静電力 ………………………………………… 29
3.2 電　界 ………………………………………… 32
3.3 静電容量と静電エネルギー ………………… 36

### 4. 電流と磁気

4.1 磁　界 ………………………………………… 41
4.2 電流による磁界 ……………………………… 43
4.3 電磁力 ………………………………………… 47
4.4 磁気回路と磁性体 …………………………… 50
4.5 電磁誘導 ……………………………………… 53
4.6 自己誘導と相互誘導 ………………………… 56

### 5. 交流回路

5.1 正弦波交流 …………………………………… 59
5.2 正弦波交流とベクトル ……………………… 64
5.3 交流回路の計算 ……………………………… 68
5.4 交流電力 ……………………………………… 80

ステップの解答 …………………………………… 83

# 6 記号法による交流回路の計算

## 6.1 交流回路の複素数表示

〔1〕 複 素 数

> ### トレーニングのポイント
>
> ① **複素数**　つぎのような形で表される。
>
> $$a + jb \quad (a:実部, \ b:虚部)$$
>
> ② **共役複素数**　虚部の符号だけが異なる複素数をいう。
>
> $$a + jb \ \rightarrow \ a - jb$$
> $$c - jd \ \rightarrow \ c + jd$$
>
> ③ **複素数の計算の注意事項**
>
> （1）　分母に複素数があるときは，分母の共役複素数を分母と分子に掛け，分母を実部にして計算する。
>
> （2）　計算の中で $j^2$ ができたときは，これを $-1$ に置き換える。$j^2 = -1$　$(\because j = \sqrt{-1})$

◆◆◆◆◆ ステップ 1 ◆◆◆◆◆

□ **1** つぎの文の（　　）に適切な語句や記号を入れなさい。

（1）　複素数 $a + jb$ において，$a$ を（　　　　）①，$b$ を（　　　　）②という。

（2）　$a - jb$ の共役複素数は（　　　　　　）①である。

（3）　$x + jy = r + js$ のとき，$x = ($　　　　$)$①，$y = ($　　　　$)$②となる。

（4）　$\dfrac{a + jb}{c - jd}$ を計算するには，$c + jd$ を分母分子に掛ける。このとき $c + jd$ を（　　　　　　）①という。

◆◆◆◆◆ ステップ 2 ◆◆◆◆◆

□ **1** つぎの式を簡単にしなさい。

（1）　$(2 + j3) + (7 - j5) = ($　　　　　　$)$

（2）　$(14 - j7) - (9 + j15) = ($　　　　　　$)$

（3）　$(10 - j8) + (3 - j8) = ($　　　　　　$)$

ヒント！

実部は実部どおし，虚部は虚部どおしで計算。

（4）　$(-12-j14)-(5+j18)=($　　　　　　　　）

（5）　$(9+j8)-(-9-j8)=($　　　　　　　）

（6）　$(-25-j15)+(-15+j10)=($　　　　　　　）

□ **2**　つぎの式を計算しなさい。

（1）　$(6+j5)(7+j5)=($　　　　　　　）

（2）　$(3-j4)(4+j5)=($　　　　　　　）

（3）　$(12-j22)(24-j15)=($　　　　　　）

（4）　$(12-j15)(12-j11)=($　　　　　　）

（5）　$\dfrac{4-j5}{3+j5}=($　　　　　　）

（6）　$\dfrac{16-j24}{5-j7}=($　　　　　　）

（7）　$\dfrac{-8-j12}{5-j3}=($　　　　　　）

（8）　$\dfrac{16-j48}{6-j6}=($　　　　　　）

〔2〕　**複素数のベクトル表示**

$$\boxed{\text{トレーニングのポイント}}$$

ベクトル $\dot{A}=a+jb$ として表したとき，絶対値 $A$ と偏角 $\varphi$ はつぎの値とする（**図 6.1**）。

$$A=\sqrt{a^2+b^2},\quad \varphi=\tan^{-1}\dfrac{b}{a}$$

ベクトルはつぎの表示方法で表すことができる。

**複素数表示**　　$\dot{A}=(a,\ b)=a+jb$

**極座標表示**　　$\dot{A}=(A\cos\varphi,\ A\sin\varphi)=A\angle\varphi$

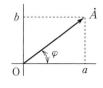

図 6.1

◆◆◆◆◆◆　**ステップ　1**　◆◆◆◆◆◆

□ **1**　つぎの文の（　　　）に適切な記号を入れなさい。

（1）　図 5.1 のベクトル $\dot{A}$ の大きさ（絶対値）を $A$，偏角を $\varphi$ として極座標表示で表すと，

$\dot{A}=($　　　　）① となる。

（2）　$\dot{A}$ について図 5.1 の $a$, $b$ を用いて表すと，$a=($　　　　　）①，$b=($　　　　　）② となる。

（3）　図のベクトル $\dot{A}$ を複素数で表すと，$\dot{A}=a+jb=($　　　　　）①＋（　　　　　）② となる。

◆◆◆◆◆◆ **ステップ 2** ◆◆◆◆◆◆

‖‖‖‖‖‖‖ 例題 1 ‖‖‖‖‖‖‖‖‖‖‖‖‖‖‖‖‖‖‖‖‖‖‖‖‖‖‖‖‖‖‖‖‖‖‖‖‖‖‖‖‖

つぎのベクトルを図示し，極座標表示で表しなさい。ただし，偏角は度〔°〕で表す。

（1）　$\dot{A}_1 = 6 + j6$

（2）　$\dot{A}_2 = -6 + j8$

（3）　$\dot{A}_3 = -4 - j8$

解答

$\dot{A}_1 \sim \dot{A}_3$ のベクトル図は**図 6.2** のようになる。

（1）　$A_1 = \sqrt{6^2 + 6^2} = 8.49$

$\qquad \varphi_1 = \tan^{-1}\dfrac{6}{6} = 45°$

$\qquad \dot{A}_1 = 8.49\angle 45°$

（2）　$A_2 = \sqrt{(-6)^2 + 8^2} = 10$

$\qquad \alpha_2 = \tan^{-1}\dfrac{8}{6} = 53.13°$

$\qquad \varphi_2 = 180° - 53.13° = 126.87°$

$\qquad \dot{A}_2 = 10\angle 126.87°$

（3）　$A_2 = \sqrt{(-4)^2 + (-8)^2} = 8.94$

$\qquad \alpha_3 = \tan^{-1}\dfrac{8}{4} = 63.43°$

$\qquad \varphi_3 = -180° + 63.43° = -116.57°$　または　$\varphi_3 = 180° + 63.43° = 243.43°$

$\qquad \dot{A}_3 = 8.94\angle -116.57°$　または　$\dot{A}_3 = 8.94\angle 243.43°$

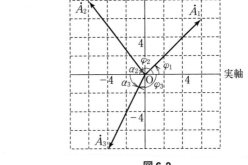

**図 6.2**

□ **1**　つぎのベクトルを**図 6.3** に示し，極座標表示で表

しなさい。ただし，偏角は度〔°〕で表す。

（1）　$\dot{A}_1 = 5 + j6 = ($ 　　　　　　$)$

（2）　$\dot{A}_2 = -4 + j3 = ($ 　　　　　　$)$

（3）　$\dot{A}_3 = -j8 = ($ 　　　　　$)$

（4）　$\dot{A}_4 = -7 = ($ 　　　　　$)$

（5）　$\dot{A}_5 = 4 - j4 = ($ 　　　　　$)$

（6）　$\dot{A}_6 = -5 - j5 = ($ 　　　　　$)$

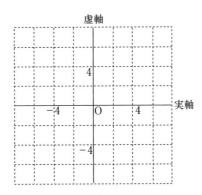

**図 6.3**

□ **2**　図 **6.4** のベクトル $\dot{A}_1 \sim \dot{A}_6$ を複素数表示および極座標表示で表しなさい。ただし，偏角は度〔°〕で表す。

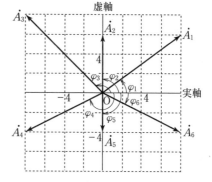

図 6.4

（1）　$\dot{A}_1 = ($ 　　　　　$) = ($ 　　　　　$)$

（2）　$\dot{A}_2 = ($ 　　　　　$) = ($ 　　　　　$)$

（3）　$\dot{A}_3 = ($ 　　　　　$) = ($ 　　　　　$)$

（4）　$\dot{A}_4 = ($ 　　　　　$) = ($ 　　　　　$)$

（5）　$\dot{A}_5 = ($ 　　　　　$) = ($ 　　　　　$)$

（6）　$\dot{A}_6 = ($ 　　　　　$) = ($ 　　　　　$)$

〔**3**〕　**複素数の積および商**

> ┌─────── トレーニングのポイント ───────┐
>
> 複素数 $\dot{A}_1 = a_1 + jb_1$，$\dot{A}_2 = a_2 + jb_2$ を極座標表示にすると
>
> $$A_1 = \sqrt{a_1^2 + b_1^2}, \quad \varphi_1 = \tan^{-1}\frac{b_1}{a_1}, \quad A_2 = \sqrt{a_2^2 + b_2^2}, \quad \varphi_2 = \tan^{-1}\frac{b_2}{a_2}$$
>
> として
>
> $$\dot{A}_1 = A_1 \angle \varphi_1, \quad \dot{A}_2 = A_2 \angle \varphi_2$$
>
> ここで，複素数の積および商はつぎのように表すことができる。
>
> （**1**）　複素数の積　$\dot{A}_1 \dot{A}_2 = A_1 A_2 \angle \varphi_1 + \varphi_2$
>
> （**2**）　複素数の商　$\dfrac{\dot{A}_1}{\dot{A}_2} = \dfrac{A_1}{A_2} \angle \varphi_1 - \varphi_2$
>
> （**3**）　$\dot{A}$ に $j$ を掛けると，$\dot{A}$ が反時計方向に $\dfrac{\pi}{2}$〔rad〕回転（進む）したベクトルとなる。$-j$ を掛けると，$\dot{A}$ が時計方向に $\dfrac{\pi}{2}$〔rad〕回転（遅れる）したベクトルとなる。

◆◇◆◇◆◇　**ステップ　1**　◇◆◇◆◇◆

□ **1**　つぎの各式を計算し，極座標表示と複素数表示で答えなさい。

（1）　$(30\angle 60°)(20\angle -15°) = ($ 　　　　　$) = ($ 　　　　　$)$

（2）　$\left(12\angle\dfrac{\pi}{3}\right)\left(8\angle\dfrac{\pi}{6}\right) = ($ 　　　　　$) = ($ 　　　　　$)$

（3）　$(3\angle 270°)(6\angle -60°) = ($ 　　　　　$) = ($ 　　　　　$)$

（4）　$\dfrac{80\angle\dfrac{\pi}{3}}{20\angle\dfrac{\pi}{4}} = ($ 　　　　　$) = ($ 　　　　　$)$

ヒント！
極座標表示の計算をしてから，複素数表示を求める。

（5）　$\dfrac{100\angle 45°}{40\angle 90°} = ($ 　　　　　　　$) = ($ 　　　　　　　$)$

（6）　$\dfrac{180\angle 60°}{30\angle -30°} = ($ 　　　　　　　$) = ($ 　　　　　　$)$

□ **2**　$\dot{A}=j3$ であるとき，$\dot{A}_1=j\dot{A}$，$\dot{A}_2=j\dot{A}_1$ を求め，$\dot{A}_1$，$\dot{A}_2$ を複素数表示とベクトル図（**図6.5**）で表しなさい。

ヒント！
$j$ 倍することは $90°$ 進めること。

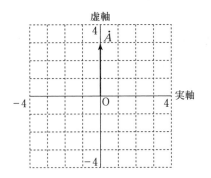

答　$\dot{A}_1 =$ ＿＿＿＿＿＿＿＿

　　$\dot{A}_2 =$ ＿＿＿＿＿＿＿＿

**図6.5**

◆◆◆◆◆ **ステップ　2** ◆◆◆◆◆

□ **1**　つぎの各式を計算し，極座標表示で答えなさい。

ヒント！
分母，分子を極座標表示で表す。

（1）　$\dfrac{18(\cos 60° + j\sin 60°)}{6\angle 30°} = ($ 　　　　　　$)$

（2）　$\dfrac{60\angle \dfrac{2}{3}\pi}{10+j10} = ($ 　　　　　　$)$

（3）　$\dfrac{12\left(\cos \dfrac{2}{3}\pi - j\sin \dfrac{2}{3}\pi\right)}{j5} = ($ 　　　　　　$)$

（4）　$\dfrac{40-j30}{5\angle -25°} = ($ 　　　　　　$)$

□ **2**　$\dot{A}=6+j6$ であるとき，$\dot{A}_1=j\dot{A}$，$\dot{A}_2=j\dot{A}_1$ を求め，$\dot{A}_1$，$\dot{A}_2$ を複素数表示とベクトル図（**図6.6**）で表しなさい。

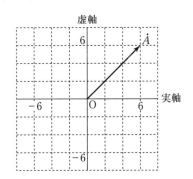

答　$\dot{A}_1 =$ ＿＿＿＿＿＿＿＿

　　$\dot{A}_2 =$ ＿＿＿＿＿＿＿＿

**図6.6**

# 6.2 記号法による交流回路の計算

## 〔1〕 交流回路への記号法の応用

トレーニングのポイント

### ① 瞬時式と記号法

$v = \sqrt{2}\, V\sin(\omega t + \varphi)$ について，記号法ではつぎのように表す。

$$\dot{V} = V\angle\varphi = V\cos\varphi + jV\sin\varphi = a + jb \qquad (a = V\cos\varphi,\ b = V\sin\varphi)$$

### ② $R, L, C$ 基本回路の記号法による表示（電圧 $\dot{V}$ を基準ベクトルとしたとき）

（1） $R$ だけの回路　$\dot{I} = \dfrac{\dot{V}}{R}$ 〔A〕　電流と電圧は同相

（2） $L$ だけの回路　$\dot{I} = \dfrac{\dot{V}}{jX_L} = -j\dfrac{\dot{V}}{X_L}$ 〔A〕　電流は電圧より $\dfrac{\pi}{2}$〔rad〕遅れる。

（3） $C$ だけの回路　$\dot{I} = \dfrac{\dot{V}}{-jX_C} = j\dfrac{\dot{V}}{X_C}$ 〔A〕　電流は電圧より $\dfrac{\pi}{2}$〔rad〕進む。

◇◇◇◇◇ ステップ 1 ◇◇◇◇◇

□ **1** つぎの正弦波交流を極座標表示と複素数表示で表しなさい。

（1）　$v_1 = 10\sqrt{2}\,\sin\left(\omega t + \dfrac{\pi}{3}\right)$〔V〕

（2）　$v_2 = 25\,\sin\left(\omega t - \dfrac{\pi}{4}\right)$〔V〕

（3）　$i_1 = 12.5\,\sin(\omega t + 120°)$〔A〕

（4）　$i_2 = 6\sqrt{2}\,\sin\left(\omega t - \dfrac{2}{3}\pi\right)$〔A〕

ヒント！
最大値は実効値で表す。

$$V = \dfrac{V_m}{\sqrt{2}}$$

答　（1）　$\dot{V}_1 =$ _____ $=$ _____

（2）　$\dot{V}_2 =$ _____ $=$ _____

（3）　$\dot{I}_1 =$ _____ $=$ _____

（4）　$\dot{I}_2 =$ _____ $=$ _____

□ **2** 複素数表示で表された値を瞬時式で表しなさい。ただし，角周波数
はω〔rad/s〕とする。

(1) $\dot{V}_1 = 50 + j60$ 〔V〕　　(2) $\dot{V}_2 = -24 - j24$ 〔V〕

(3) $\dot{I}_1 = -7 + j12$ 〔A〕　　(4) $\dot{I}_2 = 9 - j6$ 〔A〕

**ヒント**!
$V_1 = \sqrt{50^2 + 60^2}$
$V_m = \sqrt{2}\ V_1$
$\varphi = \tan^{-1}\dfrac{60}{50}$
$v_1 = V_m \sin(\omega t + \varphi)$ と
表せる。

答 (1) $v_1 = $ _____

(2) $v_2 = $ _____

(3) $i_1 = $ _____

(4) $i_2 = $ _____

□ **3** 図**6.7**の（1）～（7）の回路のインピーダンス$\dot{Z}$を複素数表示で
表しなさい。

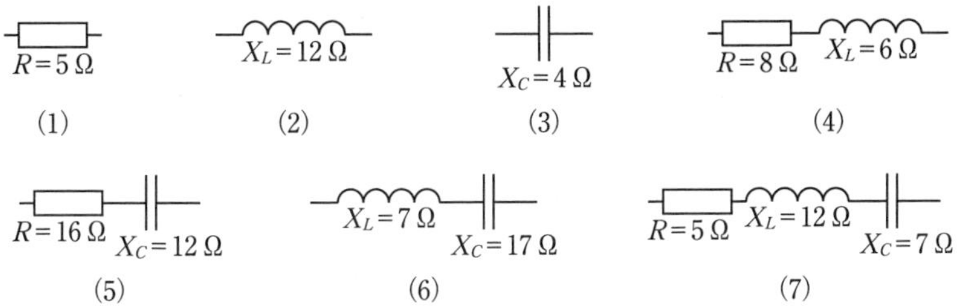

$R = 5\ \Omega$　（1）　　$X_L = 12\ \Omega$　（2）　　$X_C = 4\ \Omega$　（3）　　$R = 8\ \Omega$　$X_L = 6\ \Omega$　（4）

$R = 16\ \Omega$　$X_C = 12\ \Omega$　（5）　　$X_L = 7\ \Omega$　$X_C = 17\ \Omega$　（6）　　$R = 5\ \Omega$　$X_L = 12\ \Omega$　$X_C = 7\ \Omega$　（7）

**図 6.7**

答 (1) _____ (2) _____ (3) _____

(4) _____ (5) _____ (6) _____

(7) _____

◈◈◈◈◈ **ステップ 2** ◈◈◈◈◈

□ **1** $\dot{V} = 100\ V$ に抵抗 $R = 25\ \Omega$ が接続されている。回路に流れる電流$\dot{I}$〔A〕を求めなさい。

答 $\dot{I} = $ _____

□ **2** $\dot{V} = 100\ V$ に誘導リアクタンス $X_L = 10\ \Omega$ が接続されている。回路に流れる電流$\dot{I}$〔A〕
を求めなさい。

答 $\dot{I} = $ _____

□ **3** $\dot{V}=100\,\text{V}$ に容量リアクタンス $X_C=5\,\Omega$ が接続されている。回路に流れる電流 $\dot{I}$〔A〕を求めなさい。

答 $\dot{I}=$ _____

□ **4** $\dot{V}=100\,\text{V}$ に自己インダクタンス $L=0.5\,\text{mH}$ が接続されている。誘導リアクタンス $X_L$〔Ω〕と回路に流れる電流 $\dot{I}$〔A〕を求めなさい。ただし，電源の周波数 $f$ は $5\,\text{kHz}$ とする。

ヒント！
$X_L=\omega L=2\pi fL$

答 $X_L=$ _____

$\dot{I}=$ _____

□ **5** $\dot{V}=100\,\text{V}$ に静電容量 $C=10\,\mu\text{F}$ が接続されている。容量リアクタンス $X_C$〔Ω〕と回路に流れる電流 $\dot{I}$〔A〕を求めなさい。ただし，電源の周波数 $f$ は $50\,\text{Hz}$ とする。

ヒント！
$X_C=\dfrac{1}{\omega C}=\dfrac{1}{2\pi fC}$

答 $X_C=$ _____

$\dot{I}=$ _____

## ◆◆◆◆◆◆ ステップ 3 ◆◆◆◆◆◆

□ **1** $\dot{V}$ に自己インダクタンス $L=1.2\,\text{mH}$ が接続されている。この回路に流れる電流が $\dot{I}=25\,\text{mA}$ であるとき，$X_L$〔Ω〕と $\dot{V}$〔mV〕を求めなさい。ただし，回路の周波数 $f$ は $1\,\text{kHz}$ とする。

ヒント！
$\dot{I}=25\angle 0°$
基準ベクトルと考える。

答 $X_L=$ _____

$\dot{V}=$ _____

□ **2** $v=141.4\sin 120\pi t$〔V〕の電源に静電容量 $C=5\,\mu\text{F}$ が接続されている。$X_C$〔Ω〕，$\dot{I}$〔A〕と瞬時式 $i$〔A〕を求めなさい。

ヒント！
$2\pi ft=120\pi t$

答 $X_C=$ _____

$\dot{I}=$ _____

$i=$ _____

〔2〕　直列回路の計算

### トレーニングのポイント

① *R-L* 直列回路

$$\dot{Z} = R + jX_L \ \text{〔Ω〕}, \quad Z = \sqrt{R^2 + X_L^{\ 2}} \ \text{〔Ω〕}, \quad \varphi = \tan^{-1}\frac{X_L}{R}$$

$$\dot{I} = \frac{\dot{V}}{\dot{Z}} = \frac{\dot{V}}{R + jX_L} \ \text{〔A〕}, \quad I = \frac{V}{\sqrt{R^2 + X_L^{\ 2}}} \ \text{〔A〕}$$

② *R-C* 直列回路

$$\dot{Z} = R - jX_C \ \text{〔Ω〕}, \quad Z = \sqrt{R^2 + X_C^{\ 2}} \ \text{〔Ω〕}, \quad \varphi = \tan^{-1}\frac{-X_C}{R}$$

$$\dot{I} = \frac{\dot{V}}{\dot{Z}} = \frac{\dot{V}}{R + jX_C} \ \text{〔A〕}, \quad I = \frac{V}{\sqrt{R^2 + X_C^{\ 2}}} \ \text{〔A〕}$$

③ *R-L-C* 直列回路 $(X_L > X_C$ の場合$)$

$$\dot{Z} = R + j(X_L - X_C) \ \text{〔Ω〕}, \quad Z = \sqrt{R^2 + (X_L - X_C)^2} \ \text{〔Ω〕}$$

$$\varphi = \tan^{-1}\frac{X_L - X_C}{R}$$

$$\dot{I} = \frac{\dot{V}}{\dot{Z}} = \frac{\dot{V}}{R + j(X_L - X_C)} \ \text{〔A〕}, \quad I = \frac{V}{\sqrt{R^2 + (X_L - X_C)^2}} \ \text{〔A〕}$$

―――――――― 例題 2 ――――――――――――――――――――――――

図 **6.8** のような $R = 3\,\text{Ω}$, $X_L = 4\,\text{Ω}$ の直列回路に，電圧 $\dot{V} = 100\angle0°$ 〔V〕を加えたとき，つぎの問に答えなさい。

(1)　インピーダンス $\dot{Z}$ 〔Ω〕とその大きさ $Z$ 〔Ω〕をはいくらか。

(2)　電流 $\dot{I}$ 〔A〕とその大きさ $I$ 〔A〕はいくらか。

(3)　$R$ と $X_L$ の両端の電圧 $\dot{V}_R$, $\dot{V}_L$ 〔V〕とその大きさ $V_R$, $V_L$ 〔V〕はいくらか。

(4)　電圧 $\dot{V}$ と電流 $\dot{I}$ との位相差 $\varphi$ 〔°〕はいくらか。

**解答**

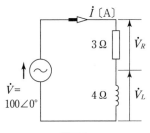

**図6.8**

(1)　$\dot{Z} = 3 + j4$ 〔Ω〕, $Z = \sqrt{3^2 + 4^2} = 5\,\text{Ω}$

(2)　$\dot{I} = \dfrac{\dot{V}}{\dot{Z}} = \dfrac{100}{3 + j4} = 12 - j16$ 〔A〕, $I = \dfrac{V}{Z} = \dfrac{100}{5} = 20\,\text{A}$

(3)　$\dot{V}_R = R\dot{I} = 3 \times (12 - j16) = 36 - j48$ 〔V〕, $\dot{V}_L = jX_L\dot{I} = j4 \times (12 - j16) = 64 + j48$

（4）　$\varphi = \tan^{-1}\dfrac{X_L}{R} = \tan^{-1}\dfrac{4}{3} = 53.13°$

## ◆◆◆◆◆ ステップ 1 ◆◆◆◆◆

□❶　$R = 5\,\Omega$，$X_C = 5\,\Omega$ の直列回路に，電圧 $\dot{V} = 150\angle 0°\,(\text{V})$ を加えた。電流 $\dot{I}\,(\text{A})$，各部の電圧 $\dot{V}_R$，$\dot{V}_C\,(\text{V})$ を求めなさい。また，電圧 $\dot{V}$ と電流 $\dot{I}$ の位相差 $\varphi\,(°)$ はいくらか。

〔答〕 $\dot{I} = $＿＿＿＿＿＿　　$\dot{V}_R = $＿＿＿＿＿＿

　　　$\dot{V}_C = $＿＿＿＿＿＿　　$\varphi = $＿＿＿＿＿＿

## ◆◆◆◆◆ ステップ 2 ◆◆◆◆◆

□❶　$R = 7\,\Omega$，$X_L = 4\,\Omega$ の直列回路に，電圧 $\dot{V} = 100\angle 0°\,(\text{V})$ を加えた。電流 $\dot{I}\,(\text{A})$，各部の電圧 $\dot{V}_R$，$\dot{V}_L\,(\text{V})$ を求めなさい。また，電圧 $\dot{V}$ と電流 $\dot{I}$ の位相差 $\varphi\,(°)$ を求め，ベクトル図を描きなさい。

ヒント！
ベクトル図では，$\dot{I}$ と $\dot{V}$ の位相関係がわかるように描く。

ベクトル図

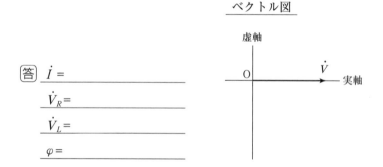

〔答〕 $\dot{I} = $＿＿＿＿＿＿＿＿＿＿＿

　　　$\dot{V}_R = $＿＿＿＿＿＿＿＿＿

　　　$\dot{V}_L = $＿＿＿＿＿＿＿＿＿

　　　$\varphi = $＿＿＿＿＿＿＿＿＿＿

□❷　$R = 12\,\Omega$，$X_C = 30\,\Omega$ の直列回路に，電流 $\dot{I} = 12\angle 0°\,(\text{A})$ が流れた。各部の電圧 $\dot{V}_R$，$\dot{V}_C$，$\dot{V}\,(\text{V})$ と，$\dot{I}$ と $\dot{V}$ の位相差 $\varphi\,(°)$ 求め，ベクトル図を描きなさい。

ヒント！
ベクトル図では，$\dot{I}$ と $\dot{V}$ の位相関係と，$\dot{V} = \dot{V}_R + \dot{V}_C$ の関係がわかるように描く。

ベクトル図

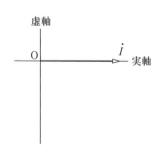

〔答〕 $\dot{V}_R = $＿＿＿＿＿＿＿＿＿

　　　$\dot{V}_C = $＿＿＿＿＿＿＿＿＿

　　　$\dot{V} = $＿＿＿＿＿＿＿＿＿＿

　　　$\varphi = $＿＿＿＿＿＿＿＿＿＿

□ **3** $R = 14\,\Omega$, $X_L = 16\,\Omega$ の $R\text{-}L$ 直列回路で，$X_L$ にかかる電圧が $j64$ 〔V〕のとき，回路を流れる電流 $\dot{I}$ 〔A〕と電源電圧 $\dot{V}$ 〔V〕およびその大きさ $V$ 〔V〕を求めなさい。

答 $\dot{I} =$ _____

$\dot{V} =$ _____

$V =$ _____

## ◆◆◆◆◆ ステップ 3 ◆◆◆◆◆

|||||||| 例題 3 ||||||||||||||||||||||||||||||||||||||||||||||||||||||||||||||||||||

$R = 12\,\Omega$, $X_L = 30\,\Omega$, $X_C = 14\,\Omega$ の直列回路に，電圧 $\dot{V} = 100\angle 0°$ 〔V〕を加えた。つぎの値とベクトル図を求めなさい。

（1） インピーダンス $\dot{Z}$ 〔Ω〕

（2） 電流 $\dot{I}$ 〔A〕

（3） 各部の電圧 $\dot{V}_R$, $\dot{V}_L$, $\dot{V}_C$ 〔V〕

（4） $\dot{V}_R$, $\dot{V}_L$, $\dot{V}_C$, $\dot{V}$, $\dot{I}$ の関係をベクトル図に描きなさい。

（5） $\dot{V}$, $\dot{I}$ の位相差 $\varphi$ 〔°〕

**解答**

（1） $\dot{Z} = 12 + j30 - j14 = 12 + j16$ 〔Ω〕

（2） $\dot{I} = \dfrac{\dot{V}}{\dot{Z}} = \dfrac{100}{12 + j16} = \dfrac{100(12 - j16)}{12^2 + 16^2} = 3 - j4$ 〔A〕

（3） $\dot{V}_R = R\dot{I} = 12(3 - j4) = 36 - j48$ 〔V〕

$\dot{V}_L = X_L\dot{I} = j30(3 - j4) = 120 + j90$ 〔V〕

$\dot{V}_C = X_C\dot{I} = -j14(3 - j4) = -56 - j42$ 〔V〕

（4） ベクトル図は**図6.9**

（5） $\varphi = \tan^{-1}\left(-\dfrac{4}{3}\right) = -53.13°$

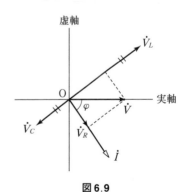

図6.9

□ **1** **図6.10** のような $R = 9\,\Omega$, $X_L = 10\,\Omega$, $X_C = 22\,\Omega$ の直列回路に，電圧 $\dot{V} = 100\angle 0°$ 〔V〕を加えた。つぎの値を求めなさい。

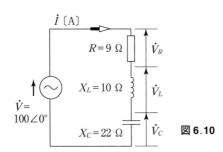

図 6.10

（1） インピーダンス $\dot{Z}$〔Ω〕はいくらか。

〔答〕 $\dot{Z} =$ ＿＿＿＿＿＿＿＿＿＿

（2） 電流 $\dot{I}$〔A〕はいくらか。

〔答〕 $\dot{I} =$ ＿＿＿＿＿＿＿＿＿＿

（3） 電圧 $\dot{V}_R$，$\dot{V}_L$，$\dot{V}_C$〔V〕はいくらか。

〔答〕 $\dot{V}_R =$ ＿＿＿＿＿＿＿＿＿

$\dot{V}_L =$ ＿＿＿＿＿＿＿＿＿

$\dot{V}_C =$ ＿＿＿＿＿＿＿＿＿

（4） $\dot{V}$ と $\dot{I}$ の位相差 $\varphi$〔°〕を求めなさい。

〔答〕 $\varphi =$ ＿＿＿＿＿＿＿＿＿

（5） $\dot{V}_R$，$\dot{V}_L$，$\dot{V}_C$，$\dot{V}$，$\dot{I}$，$\varphi$ をベクトル図に描きなさい。

〔答〕 ベクトル図

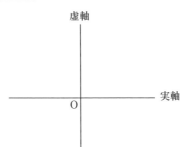

ヒント！

ベクトル図では，$\dot{V}$，$\dot{I}$ の位相関係と，$\dot{V}_R$，$\dot{V}_L$，$\dot{V}_C$，$\dot{V}$ の関係がわかるように描く。

□ **2** 図6.10のような $R$-$L$-$C$ 直列回路で，$R=8\,\Omega$，$X_L=10\,\Omega$，$X_C$ が未知であるとき，$\dot{I}=10\angle0°$ の電流が流れた。ただし，電源電圧の大きさ $V=100\,V$ とする。つぎの値を求めなさい。

（1） $\dot{V}_R$, $\dot{V}_L$, $\dot{V}_C$, $\dot{V}$ 〔V〕を求めなさい。

答 $\dot{V}_R=$ _____   $\dot{V}_L=$ _____

$\dot{V}_C=$ _____   $\dot{V}=$ _____

（2） $\dot{V}_R$, $\dot{V}_L$, $\dot{V}_C$, $\dot{V}$, $\varphi$ をベクトル図で表しなさい。

答 ベクトル図

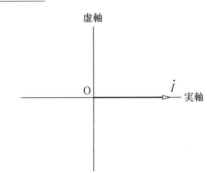

（3） $\dot{V}$, $\dot{I}$ の位相差 $\varphi$ 〔°〕を求めなさい。

答 $\varphi=$ _____

（4） $X_C$ 〔Ω〕の値を求めなさい。

答 $X_C=$ _____

（5） 電源の周波数が $50\,Hz$ のとき，静電容量 $C$ 〔μF〕の値を求めなさい。

答 $C=$ _____

□ **3** 図6.10のような $R$-$L$-$C$ 直列回路において，$\dot{V}=10\,V$，$f=1\,kHz$ のとき，回路を流れる電流が最大の $100\,mA$ となった。$R$, $X_C$ 〔Ω〕，$L$ 〔mH〕を求めなさい。ただし，静電容量 $C=30\,μF$ とする。

答 $R=$ _____   $X_C=$ _____   $L=$ _____

ヒント！
$\dot{Z}=\dfrac{100}{10}=10$ からリアクタンス $X$ を求める。ただし，
$X_C=X-X_L$

ヒント！
共振状態のとき
$X_L=X_C$
$\omega L=\dfrac{1}{\omega C}$
$\dot{Z}=R+jX_L-jX_C$
$\quad=R$

〔3〕 並列回路の計算

┌─────────────────────────────────────────────┐
│              トレーニングのポイント              │
│                                                     │
│  ① *R-L* 並列回路                                   │
│                                                     │
│  $$\dot{I} = \dot{I}_R + \dot{I}_L = \frac{\dot{V}}{R} - j\frac{\dot{V}}{X_L} = \left(\frac{1}{R} - j\frac{1}{X_L}\right)\dot{V}\ \text{〔A〕}$$ │
│                                                     │
│  $$\varphi = \tan^{-1}\frac{I_L}{I_R} = \tan^{-1}\left(-\frac{R}{X_L}\right)\ \text{〔rad〕}$$ │
│                                                     │
│  ② *R-C* 並列回路                                   │
│                                                     │
│  $$\dot{I} = \dot{I}_R + \dot{I}_C = \frac{\dot{V}}{R} + j\frac{\dot{V}}{X_C} = \left(\frac{1}{R} + j\frac{1}{X_C}\right)\dot{V}\ \text{〔A〕}$$ │
│                                                     │
│  $$\varphi = \tan^{-1}\frac{I_C}{I_R} = \tan^{-1}\frac{R}{X_C}\ \text{〔rad〕}$$ │
│                                                     │
│  ③ *R-L-C* 並列回路 ($X_L > X_C$ の場合)            │
│                                                     │
│  $$\dot{I} = \dot{I}_R + \dot{I}_L + \dot{I}_C = \left(\frac{1}{R} - j\frac{1}{X_L} + j\frac{1}{X_C}\right)\dot{V}\ \text{〔A〕}$$ │
│                                                     │
│  $$\varphi = \tan^{-1}\frac{I_C - I_L}{I_R}\ \text{〔rad〕}$$ │
└─────────────────────────────────────────────┘

▐ 例題 ▌ 4

$R = 20\ \Omega$, $X_L = 30\ \Omega$ の並列回路に, 電圧 $\dot{V} = 120\angle0°\ \text{〔V〕}$ を加えたとき, つぎの問に答えなさい。

(1) 電流 $\dot{I}_R$, $\dot{I}_L$〔A〕はいくらか。

(2) 電流 $\dot{I}$〔A〕とその大きさ $I$〔A〕はいくらか。

(3) 電圧 $\dot{V}$ と電流 $\dot{I}$ との位相差 $\varphi$〔°〕はいくらか。

(4) $\dot{V}$, $\dot{I}_R$, $\dot{I}_L$, $\dot{I}$, $\varphi$ をベクトル図に表しなさい。

【解答】

(1) $\dot{I}_R = \dfrac{120}{20} = 6\ \text{A}$, $\dot{I}_L = \dfrac{120}{j30} = -j4\ \text{〔A〕}$

(2) $\dot{I} = \dot{I}_R + \dot{I}_L = 6 - j4\ \text{〔A〕}$

$I = \sqrt{I_R^2 + I_L^2} = 7.21\ \text{A}$

(3) $\varphi = \tan^{-1}\left(-\dfrac{R}{X_L}\right) = \tan^{-1}\left(-\dfrac{20}{30}\right) = -33.69°$

(4) ベクトル図は**図 6.11**

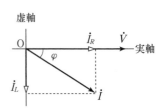

図 6.11

◈◈◈◈◈◈ **ステップ 1** ◈◈◈◈◈◈

□ **1** 図 **6.12** のような $R=15\,\Omega$, $X_C=10\,\Omega$ の並列回路に, 電圧 $\dot{V}=100\angle0°$ 〔V〕を加えたとき, 電流 $\dot{I}_R$, $\dot{I}_C$, $\dot{I}$ 〔A〕, および $\dot{V}$ と $\dot{I}$ の位相差 $\varphi$ 〔°〕を求めなさい。

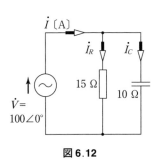

**図 6.12**

答 $\dot{I}_R =$ _____　　$\dot{I}_C =$ _____

　　$\dot{I} =$ _____　　$\varphi =$ _____

◈◈◈◈◈◈ **ステップ 2** ◈◈◈◈◈◈

□ **1** $R$–$L$ 並列回路において, $R=8\,\Omega$ を流れる電流 $\dot{I}_R=10\angle0°$ 〔A〕で, $X_L=5\,\Omega$ のとき, $\dot{V}$ 〔V〕, $\dot{I}_L$, $\dot{I}$ 〔A〕を求めなさい。また, $\dot{I}_R$, $\dot{I}_L$, $\dot{I}$ をベクトル図で表し, $\dot{V}$ と $\dot{I}$ の位相差 $\varphi$ 〔°〕を求めなさい。

ヒント！
ベクトル図は, $\dot{V}$ と $\dot{I}$ の位相関係および $\dot{I}$ と $\dot{I}_R$, $\dot{I}_L$ の関係がわかるように描く。

答 $\dot{V} =$ _____

　　$\dot{I}_L =$ _____

　　$\dot{I} =$ _____

　　$\varphi =$ _____

ベクトル図

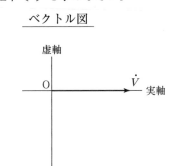

□ **2** $R$–$C$ 並列回路で, 電源電圧 $\dot{V}=100$ V, 電源を流れる電流 $\dot{I}=8+j4$ 〔A〕のとき, 回路のインピーダンス $\dot{Z}$ 〔Ω〕と $R$, $X_C$ 〔Ω〕を求めなさい。また, この回路で消費する電力 $P$ 〔W〕を求めなさい。

ヒント！
$P=VI\cos\varphi$ 〔W〕, または, 電力は $R$ でしか消費しないことから考えてもよい。

答 $\dot{Z} =$ _____　　$R =$ _____

　　$X_C =$ _____　　$P =$ _____

□**3**  $R$-$L$ 並列回路に $v = 100\sqrt{2}\sin 100\,\pi t$〔V〕の電圧を加えたところ，$\dot{I} = 5 - j7$〔A〕の電流が流れた。このときの $R$，$X_L$〔Ω〕とインダクタンス $L$〔mH〕を求めなさい。

〔答〕 $R=$ _____   $X_L=$ _____   $L=$ _____

## ◇◇◇◇◇ ステップ 3 ◇◇◇◇◇

||||||||| 例題 5 |||||||||||||||||||||||||||||||||||||||||||||||||||||||||||||||||||||||||||||||||||||||||||||||||||||

図 6.13 の $R$-$L$-$C$ 並列回路において，つぎの値を求めなさい。

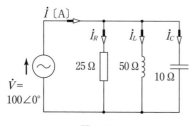

**図 6.13**

（1） $\dot{I}_R$, $\dot{I}_L$, $\dot{I}_C$〔A〕を求めなさい。

（2） $\dot{I}$〔A〕を求めなさい。

（3） $\dot{V}$ と $\dot{I}_R$, $\dot{I}_L$, $\dot{I}_C$, $\dot{I}$ をベクトル図に描き，$\dot{V}$ と $\dot{I}$ の位相差 $\varphi$〔°〕を求めなさい。

解答

（1） $\dot{I}_R = \dfrac{\dot{V}}{R} = \dfrac{100}{25} = 4\ \text{A}$

$\dot{I}_L = \dfrac{\dot{V}}{jX_L} = \dfrac{100}{j50} = -j2$〔A〕

$\dot{I}_C = \dfrac{\dot{V}}{-jX_C} = \dfrac{100}{-j10} = j10$〔A〕

（2） $\dot{I} = \dot{I}_R + \dot{I}_L + \dot{I}_C = 4 - j2 + j10 = 4 + j8$〔A〕

（3） ベクトル図は**図 6.14**

ベクトル図から

$$\varphi = \tan^{-1}\dfrac{I_C - I_L}{I_R} = \tan^{-1}\dfrac{10 - 2}{4} = 63.43°$$

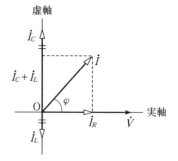

**図 6.14**

□ **1**　図 6.13 のように接続された $R$–$L$–$C$ 並列回路に，$\dot{V}=100\,\mathrm{V}$ を加えたところ，電源を電流 $\dot{I}=12-j6$〔A〕が流れた。つぎの問に答えなさい。ただし，$X_L=10\,\Omega$ とする。

ヒント！
$\dot{I}=\dot{I}_R+\dot{I}_L+\dot{I}_C$
$-j6=\dot{I}_L+\dot{I}_C$
$-j6=\dfrac{100}{j10}+\dot{I}_C$

（1）　抵抗 $R$〔Ω〕を求めなさい。

答 $R=$ _____

（2）　$\dot{I}_L$〔A〕を求めなさい。

答 $\dot{I}_L=$ _____

（3）　$\dot{I}_C$〔A〕を求めなさい。

答 $\dot{I}_C=$ _____

（4）　$X_C$〔Ω〕を求めなさい。

答 $X_C=$ _____

（5）　回路のインピーダンス $\dot{Z}$〔Ω〕を求めなさい。

答 $\dot{Z}=$ _____

□ **2**　図 6.13 のように接続された $R$–$L$–$C$ 並列回路で，$\dot{V}=100\,\mathrm{V}$，周波数が $f_0$ のとき，回路を流れる電流 $I_0$ が最小になった。このときの $f_0$〔kHz〕と $I_0$〔A〕を求めなさい。ただし，$R=50\,\Omega$，$L=0.05\,\mathrm{mH}$，$C=2\,\mu\mathrm{F}$ とする。

ヒント！
共振状態
$f_0=\dfrac{1}{2\pi\sqrt{LC}}$
$X_L=X_C$
$\therefore\ \dot{I}_L=-\dot{I}_C$
$I_0=\sqrt{I_R^2+\left(I_L-I_C\right)^2}$
　$=\dfrac{V}{R}$

答 $f_0=$ _____　　$I_0=$ _____

〔4〕 並列回路とアドミタンス

$$\boxed{\text{トレーニングのポイント}}$$

① **アドミタンスの表し方**　$R$–$L$–$C$ 並列回路に $\dot{V}$〔V〕が加わるとき，電源を流れる電流 $\dot{I}$〔A〕は

$$\dot{I} = \dot{I}_R + \dot{I}_L + \dot{I}_C = \left(\frac{1}{R} - j\frac{1}{X_L} + j\frac{1}{X_C}\right)\dot{V}$$

$$= \left(\underbrace{\frac{1}{R} - \frac{j(X_C - X_L)}{X_L X_C}}\right)\dot{V} = \dot{Y}\dot{V}\,\text{〔A〕}, \quad \dot{Y} = \frac{\dot{I}}{\dot{V}} = \frac{1}{\dot{Z}}\,\text{〔S〕}$$

ここで，$\dot{Y}$ をアドミタンスといい，単位に S（ジーメンス）を用いる。

また，上式の〜〜〜〜において，実部と虚部をそれぞれ

コンダクタンス　$G = \dfrac{1}{R}$〔S〕，　サセプタンス　$B = \dfrac{X_C - X_L}{X_L X_C}$〔S〕

という。すると，$\dot{Y} = G - jB$〔S〕と表すことができる。

② **サセプタンスと回路の性質**　$B<0$ のとき回路は誘導性，$B>0$ のとき回路は容量性となる。

◆◆◆◆◆　**ステップ　1**　◆◆◆◆◆

□ **❶** つぎの文の（　　）に適切な語句や記号を入れなさい。

(1) インピーダンス $\dot{Z}$ の逆数を（　　　　　　　　　）①といい，量記号に（　　　　）②，単位記号に（　　　）③を用いる。

(2) $\dot{Z} = R + jX_L$ のときアドミタンス $\dot{Y} = \dfrac{1}{\dot{Z}} = \dfrac{1}{(\qquad\qquad)}$① となり，$G = ($　　　　　)②〔S〕，$B = ($　　　　　)③〔S〕と表すことができ，$\dot{Y} = ($　　　　　)④〔S〕となる。

(3) $B>0$ のとき回路の性質は（　　　　　　）①となり，電流は電圧よりも（　　　）②。

◆◆◆◆◆　**ステップ　2**　◆◆◆◆◆

□ **❶** つぎのインピーダンスについて，アドミタンス $\dot{Y}$〔S〕を求めなさい。

(1) $\dot{Z}_1 = 18\,\Omega$

(2) $\dot{Z}_2 = j5$〔Ω〕

(3) $\dot{Z}_3 = 12 + j5$〔Ω〕

(4) $\dot{Z}_4 = 9 - j16$〔Ω〕

(5) $\dot{Z}_5 = 8 + j12$〔Ω〕

〔答〕(1) $\dot{Y}_1 = $ _____

(2) $\dot{Y}_2 = $ _____

(3) $\dot{Y}_3 = $ _____

(4) $\dot{Y}_4 = $ _____

(5) $\dot{Y}_5 = $ _____

□ ❷ 　図 **6.15** の回路の合成インピーダンス $\dot{Z}$ 〔Ω〕と合成アドミタンス $\dot{Y}$ 〔S〕をそれぞれ求め
なさい。また，$\dot{Y}$ からコンダクタンス $G$ 〔S〕とサセプタンス $B$ 〔S〕を求めなさい。

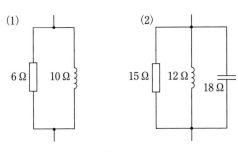

**図 6.15**

〔答〕 （1）$\dot{Z} =$ _____

$\dot{Y} =$ _____

$G =$ _____

$B =$ _____

（2）$\dot{Z} =$ _____

$\dot{Y} =$ _____

$G =$ _____

$B =$ _____

◆◆◆◆◆ **ステップ 3** ◆◆◆◆◆

□ ❶ 　図 **6.16** の回路に $\dot{V} = 100\,\text{V}$ を加えるとき，二つの方法により電源を流れる電流 $\dot{I}$ と $\dot{V}$
との位相差 $\varphi$ を求めたい。つぎの問に答えなさい。

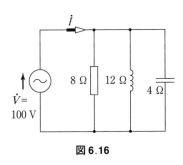

**図 6.16**

〔解法 1〕

（1）$\dot{I}$ 〔A〕を求めなさい。

〔答〕 $\dot{I} =$ _____

（2） $\varphi$〔°〕を求めなさい。

答 $\varphi =$ _____

〔**解法 2**〕

（1） コンダクタンス $G$〔S〕を求めなさい。

ヒント !
$$G = \frac{1}{R}$$

答 $G =$ _____

（2） サセプタンス $B$〔S〕を求めなさい。

ヒント !
$$B = \frac{X_C - X_L}{X_L X_C}$$

答 $B =$ _____

（3） $\dot{I}$〔A〕を求めなさい。

答 $\dot{I} =$ _____

（4） $\varphi$〔°〕を求めなさい。

答 $\varphi =$ _____

〔5〕 複雑な回路

**トレーニングのポイント**

① **直並列回路** 実際の電気回路では，直列や並列だけで構成される回路は少ない。これらを組み合わせた回路を直並列回路という。

② **交流ブリッジ回路** 図 6.17 のように接続した回路を交流ブリッジ回路という。未知抵抗 $R_x$ とインダクタンス $L_x$ は平衡条件によりつぎのように求める。

平衡条件 $\dot{Z}_1\dot{Z}_4 = \dot{Z}_2\dot{Z}_3$ から

$$R_x = \frac{R_1 R_4}{R_3}$$

$$L_x = \frac{L_1 R_4}{R_3}$$

回路図中の D は検出器で，針の振れなどによって平衡しているか否かを検出する。

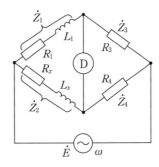

**図 6.17**

||||||||||||| **例題** 6 |||||||||||||||||||||||||||||||||||||||||||||||||||||||||||||||||||||||||||||||||||

図 6.17 で回路が平衡するとき，$R_x = \dfrac{R_1 R_4}{R_3}$，$L_x = \dfrac{L_1 R_4}{R_3}$ を導きなさい。

**解答** ブリッジが平衡するときつぎの式が成り立つ。

$$\dot{Z}_1\dot{Z}_4 = \dot{Z}_2\dot{Z}_3$$

$$(R_1 + j\omega L_1)R_4 = (R_x + j\omega L_x)R_3$$

$$R_1 R_4 + j\omega L_1 R_4 = R_x R_3 + j\omega L_x R_3$$

これから，実部は実部どうし，虚部は虚部どうし等しくなればよいので

実部　　　　　　虚部

$R_1 R_4 = R_x R_3$　　　$j\omega L_1 R_4 = j\omega L_x R_3$

したがって

$$R_x = \frac{R_1 R_4}{R_3}\qquad\qquad L_x = \frac{L_1 R_4}{R_3}$$

◆◆◆◆◆ **ステップ 1** ◆◆◆◆◆

□ **1** 図 **6.18** の回路において，つぎの問に答えなさい。

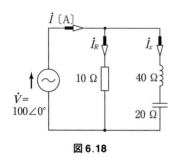

**図 6.18**

（1） $\dot{I}_R$, $\dot{I}_x$ 〔A〕を求めなさい。

〔答〕 $\dot{I}_R =$ _____

$\dot{I}_x =$ _____

（2） $\dot{I}$ 〔A〕を求めなさい。

〔答〕 $\dot{I} =$ _____

（3） $X_C = 20\,\Omega$ にかかる電圧 $\dot{V}_C$ 〔V〕を求めなさい。

〔答〕 $\dot{V}_C =$ _____

（4） $\dot{V}$ と $\dot{I}$ の位相差 $\varphi$ 〔°〕を求めなさい。

〔答〕 $\varphi =$ _____

□ **2** 図 6.19 の回路において回路が平衡するとき，$L_x$〔mH〕を求めなさい。

**ヒント** ！

$$20 \times 40 = j\omega L_x$$
$$\times \left( -j\frac{1}{\omega \times 3 \times 10^{-6}} \right)$$

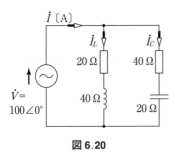

20 Ω 3 μF

D

$L_x$〔H〕 40 Ω

$\dot{E}$〔V〕 $f$〔Hz〕

**図 6.19**

〔答〕 $L_x =$ _____

◆◆◆◆◆ **ステップ 2** ◆◆◆◆◆

□ **1** 図 6.20 の回路において，つぎの問に答えなさい。

$\dot{I}$〔A〕

$\dot{I}_L$ $\dot{I}_C$

20 Ω 40 Ω

$\dot{V} =$
$100\angle 0°$

40 Ω 20 Ω

**図 6.20**

（1） $\dot{I}_L$, $\dot{I}_C$〔A〕を求めなさい。

〔答〕 $\dot{I}_L =$ _____

$\dot{I}_C =$ _____

（2） $\dot{I}$〔A〕を求めなさい。

〔答〕 $\dot{I} =$ _____

（3） $\dot{V}$ と $\dot{I}$ の位相差 $\varphi$ 〔°〕を求めなさい。

〔答〕 $\varphi =$ _____

（4） この回路で消費する電力 $P$ 〔W〕を求めなさい。

〔答〕 $P=$ _____

□ ❷ 図 **6.21** の回路において $\dot{I}_C = j10$ 〔A〕のとき，つぎの問に答えなさい。

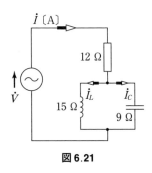

**図 6.21**

（1） 並列部分の電圧 $\dot{V}_x$ 〔V〕を求めなさい。

$$\dot{V}_x = -jX_C\dot{I}_C$$

〔答〕 $\dot{V}_x =$ _____

（2） $\dot{I}_L$ 〔A〕を求めなさい。

ヒント！
$$\dot{I}_L = \frac{\dot{V}_x}{jX_L}$$

〔答〕 $\dot{I}_L =$ _____

（3） $\dot{I}$ 〔A〕を求めなさい。

〔答〕 $\dot{I} =$ _____

（4） $\dot{V}$ 〔V〕を求めなさい。

〔答〕 $\dot{V} =$ _____

（5）　$\dot{V}$ と $\dot{I}$ の位相差 $\varphi$〔°〕を求めなさい。

ヒント！

$\dot{I}$ と $\dot{V}$ の差が $\varphi$ となる。

答　$\varphi =$ _____

□ **3**　図 6.22 の回路において，つぎの問に答えなさい。

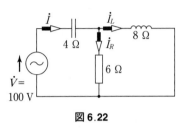

**図 6.22**

ヒント！

$\dot{Z} = -j4 + \dfrac{6 \times j8}{6 + j8}$

（1）　回路のインピーダンス $\dot{Z}$〔Ω〕を求めなさい。

答　$\dot{Z} =$ _____

（2）　$\dot{I}$〔A〕を求めなさい。

答　$\dot{I} =$ _____

（3）　抵抗 $R$〔Ω〕の両端の電圧 $\dot{V}_R$〔V〕を求めなさい。

答　$\dot{V}_R =$ _____

（4）　$\dot{I}_L$〔A〕を求めなさい。

答　$\dot{I}_L =$ _____

（5）　$\dot{I}_R$〔A〕を求めなさい。

答　$\dot{I}_R =$ _____

（6）　この回路で消費する電力 $P$〔kW〕を求めなさい。

〔答〕 $P=$ _____

□ **4**　図 **6.23** において回路が平衡するとき，$R_x$〔Ω〕と $L_x$〔mH〕を求め
なさい。

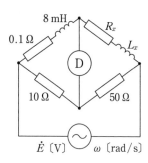

図 **6.23**

ヒント！
インダクタンス〔H〕
は誘導リアクタンス
〔Ω〕に，静電容量〔F〕
は容量リアクタンス
〔Ω〕にしてから，平
衡条件の式にあてはめ
る。

〔答〕 $R_x=$ _____

$L_x=$ _____

◆◆◆◆◆◆ **ステップ　3** ◆◆◆◆◆◆

□ **1**　図 **6.24** の回路において，スイッチ S を開いたとき $\dot{I}_L=12-j12$〔A〕
が流れ，S を閉じたとき $\dot{I}=16-j4$〔A〕が流れた。$R$〔Ω〕と $X_L$〔Ω〕
を求めなさい。

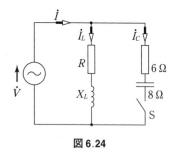

図 **6.24**

ヒント！
S を閉じても開いて
も，$\dot{I}_L$ は変わらない。

S を閉じた状態で
$\dot{I}_C=\dot{I}-\dot{I}_L$
　　$=16-j4$
　　　$-(12-j12)$
$\dot{V}=(6-j8)\dot{I}_C$

$R+jX_L=\dfrac{\dot{V}}{\dot{I}_L}$

〔答〕 $R=$ _____

$X_L=$ _____

□ **2**　図 **6.25** の回路において，つぎの問に答えなさい。

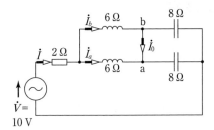

**図 6.25**

（ 1 ）　a–b 間に流れる電流 $\dot{I}_0$ 〔A〕を求めなさい。

ヒント **!**

ブリッジは平衡し a–b 間には電流が流れない。
→ a–b 間は開放と考える。

〔答〕$\dot{I}_0 =$ ＿＿＿＿＿＿＿＿＿

（ 2 ）　回路のインピーダンス $\dot{Z}$ 〔Ω〕を求めなさい。

ヒント **!**

（ 1 ）から直並列回路として，以下の問に答える。

〔答〕$\dot{Z} =$ ＿＿＿＿＿＿＿＿＿

（ 3 ）　$\dot{I}$，$\dot{I}_a$，$\dot{I}_b$ 〔A〕を求めなさい。

〔答〕$\dot{I} =$ ＿＿＿＿＿＿ ，$\dot{I}_a =$ ＿＿＿＿＿＿ ，$\dot{I}_b =$ ＿＿＿＿＿＿＿＿＿

# 6.3　回路網の計算

**トレーニングのポイント**

① **キルヒホッフの法則**

（1）**第1法則**　回路網の任意の接続点において，流入する電流の和と流出する電流の和は等しい。

（2）**第2法則**　回路網内の任意の閉回路において，起電力の総和と各インピーダンスの電圧降下の総和は等しい。

② **重ね合わせの理**　回路網の任意の枝路に流れる電流は，回路網中の各電源が単独にあるとき，その枝路に流れる電流の総和に等しい。

③ **テブナンの定理**　図 **6.26** において

$\dot{I}$：負荷 $\dot{Z}$ を流れる電流

$\dot{V}_{ab}$：スイッチを開放したときの a–b 間の電圧

$\dot{Z}_0$：a–b 間から電源側を見たときのインピーダンス

$$\dot{I} = \frac{\dot{V}_{ab}}{\dot{Z}_0 + \dot{Z}}$$

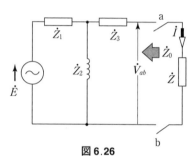

図 **6.26**

**例題　7**

図 **6.27** において，キルヒホッフの法則を用いて各枝路に流れる電流 $\dot{I}_1$, $\dot{I}_2$, $\dot{I}_3$〔A〕を求めなさい。

**解答**

点 b でキルヒホッフの第1法則を適用すると

$$\dot{I}_1 + \dot{I}_2 = \dot{I}_3$$

閉回路①と②でキルヒホッフの第2法則をそれぞれ適用すると

$$20 = 4\dot{I}_1 + j6\dot{I}_3$$
$$10 = 8\dot{I}_2 + j6\dot{I}_3$$

連立方程式を解くと

$$\dot{I}_1 = 1.52 - j1.55 \text{〔A〕}$$
$$\dot{I}_2 = -0.49 - j0.77 \text{〔A〕}$$
$$\dot{I}_3 = 1.03 - j2.32 \text{〔A〕}$$

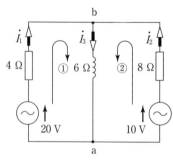

図 **6.27**

|||||||||||||||||  **例題** 8 |||||||||||||||||||||||||||||||||||||||||||||||||||||||||||||||||||||||||||||||||||||||||||||||||||||||

図 6.27 の電流 $\dot{I}_1$, $\dot{I}_2$, $\dot{I}_3$ 〔A〕を重ね合わせの理により求めなさい。

**解答**

図 6.27 を図 6.28 と図 6.29 に分けて，それぞれ枝路の電流 $\dot{I}_1{}'$, $\dot{I}_2{}'$, $\dot{I}_3{}'$ と $\dot{I}_1{}''$, $\dot{I}_2{}''$, $\dot{I}_3{}''$ を求め，総和を計算する。

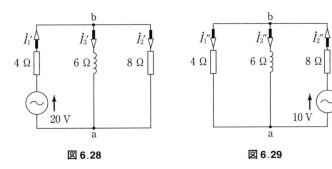

図 6.28　　　　　　　　　　図 6.29

図 6.28 で，回路のインピーダンス $Z'$ は

$$Z' = 4 + \frac{8 \times j6}{8 + j6} = 6.88 + j3.84 \ \text{〔Ω〕}$$

$$\dot{I}_1{}' = \frac{20}{6.88 + j3.84} = 2.22 - j1.24 \ \text{〔A〕}$$

$$\dot{I}_2{}' = (2.22 - j1.24) \times \frac{j6}{8 + j6} = 1.39 + j0.62 \ \text{〔A〕}$$

$$\dot{I}_3{}' = (2.22 - j1.24) \times \frac{8}{8 + j6} = 0.83 - j1.86 \ \text{〔A〕}$$

$$Z'' = 8 + \frac{4 \times j6}{4 + j6} = 10.77 + j1.85 \ \text{〔Ω〕}$$

$$\dot{I}_2{}'' = \frac{10}{10.77 + j1.85} = 0.9 - j0.16 \ \text{〔A〕}$$

$$\dot{I}_1{}'' = (0.9 - j0.16) \times \frac{j6}{4 + j6} = 0.71 + j0.31 \ \text{〔A〕}$$

$$\dot{I}_3{}'' = (0.9 - j0.16) \times \frac{4}{4 + j6} = 0.20 - j0.46 \ \text{〔A〕}$$

これから

$$\dot{I}_1 = \dot{I}_1{}' - \dot{I}_1{}'' = 2.22 - j1.24 - (0.71 + j0.31) = 1.52 - j1.55 \ \text{〔A〕}$$

$$\dot{I}_2 = -\dot{I}_2{}' + \dot{I}_2{}'' = -(1.39 + j0.61) + (0.9 - j0.16) = -0.49 - j0.77 \ \text{〔A〕}$$

$$\dot{I}_3 = \dot{I}_3{}' + \dot{I}_3{}'' = 0.83 - j1.86 + 0.2 - j0.46 = 1.03 - j2.32 \ \text{〔A〕}$$

となり，キルヒホッフの法則で求めた結果と等しくなる。

|||||||||||||　**例題**　9 |||||||||||||||||||||||||||||||||||||||||||||||||||||||||||||||||||||||||||||||||||||||||||||||||||||||||||||||||||||||||||||||||||||

図 6.27 において，コイルに流れる電流 $\dot{I}$ 〔A〕をテブナンの定理により求めなさい。

**解 答**

図 6.27 を**図 6.30** のように置き換えて $\dot{I}$ を求める。

閉ループにおいて流れる電流 $\dot{I}_l$ は

$$\dot{I}_l = \frac{20-10}{4+8} = 0.833 \text{ A}$$

$$\dot{V}_{ab} = 20 - 0.833 \times 4 = 16.67 \text{ V}$$

$$\dot{Z}_{ab} = \frac{4 \times 8}{4+8} = 2.67 \ \Omega$$

$$\dot{I} = \frac{16.67}{2.67 + j6} = 1.03 - j2.32 \text{〔A〕}$$

$\dot{I}$ は図 5.27 における $\dot{I}_3$ と等しくなる。

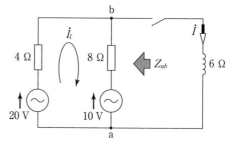

**図 6.30**

◆◆◆◆◆　**ステップ　1**　◆◆◆◆◆

□ **❶**　**図 6.31** の回路において，キルヒホッフの法則により，$\dot{I}_1$, $\dot{I}_2$, $\dot{I}_3$

〔A〕を求めたい。つぎの問に答えなさい。

**ヒント** !

例題 1 を参照する。

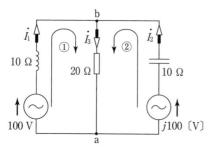

**図 6.31**

（1）　点 b でキルヒホッフの第 1 法則を適用し，式を立てなさい。

〔答〕＿＿＿＿＿＿＿＿＿＿＿＿＿

（2）　閉回路①において，キルヒホッフの第 2 法則を適用し，式を立
　　てなさい。

〔答〕＿＿＿＿＿＿＿＿＿＿＿＿＿

（3）　閉回路②において，キルヒホッフの第2法則を適用し，式を立
　　てなさい。

〔答〕＿＿＿＿＿＿＿＿＿＿＿＿＿＿＿＿＿

（4）　$\dot{I}_1$, $\dot{I}_2$, $\dot{I}_3$〔A〕を求めなさい。

〔答〕$\dot{I}_1＝$＿＿＿＿＿ , $\dot{I}_2＝$＿＿＿＿＿ , $\dot{I}_3＝$＿＿＿＿＿

□ **2**　図6.31において，重ね合わせの理により各枝路に流れる電流 $\dot{I}_1$,
$\dot{I}_2$, $\dot{I}_3$〔A〕を求めたい。つぎの問に答えなさい。

（1）　$j100$〔V〕を短絡し，100Vの電源だけの回路を描き，$\dot{I}_1{}'$, $\dot{I}_2{}'$,
$\dot{I}_3{}'$〔A〕を求めなさい。

ヒント！
例題8を参照する。

$j100$〔V〕を短絡した
とき，100Vを電源と
する直並列回路と考え
る。

〔答〕$\dot{I}_1{}'＝$＿＿＿＿＿ , $\dot{I}_2{}'＝$＿＿＿＿＿ , $\dot{I}_3{}'＝$＿＿＿＿＿

（2）　100Vを短絡し，$j100$〔V〕の電源だけの回路を描き，$\dot{I}_1{}''$,
$\dot{I}_2{}''$, $\dot{I}_3{}''$〔A〕を求めなさい。

ヒント！
100Vを短絡すると
き，$j100$〔V〕を電源
とする直並列回路と考
える。

〔答〕$\dot{I}_1{}''＝$＿＿＿＿＿ , $\dot{I}_2{}''＝$＿＿＿＿＿ , $\dot{I}_3{}''＝$＿＿＿＿＿

（3）　（1），（2）から $\dot{I}_1$, $\dot{I}_2$, $\dot{I}_3$〔A〕を求め，**1** の解答と等しい
　　ことを確認しなさい。

〔答〕$\dot{I}_1＝$＿＿＿＿＿ , $\dot{I}_2＝$＿＿＿＿＿ , $\dot{I}_3＝$＿＿＿＿＿

□ **3**　図**6.32**において，テブナンの定理により $\dot{I}_0$ を
求めたい。つぎの問に答えなさい。

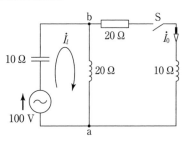

図 **6.32**

（1）　スイッチ S を開いているとき，閉回路を流れる電流 $\dot{I}_l$〔A〕を求めなさい。

ヒント！
例題9を参照する。

$$\dot{I}_l = \frac{100}{-j10+j20}$$

〔答〕$\dot{I}_l =$ _____

$$\dot{Z}_{ab} = 20 + \frac{-j10 \times j20}{-j10+j20}$$

（2）　$\dot{V}_{ab}$〔V〕を求めなさい。

〔答〕$\dot{V}_{ab} =$ _____

（3）　スイッチ S から電源側を見たときのインピーダンス $\dot{Z}_{ab}$〔Ω〕を求めなさい。

〔答〕$\dot{Z}_{ab} =$ _____

（4）　$\dot{I}_0$〔A〕を求めなさい。

〔答〕$\dot{I}_0 =$ _____

◆◆◆◆◆ **ステップ 2** ◆◆◆◆◆

□❶　図 6.33 において，キルヒホッフの法則により $\dot{I}_1$, $\dot{I}_2$, $\dot{I}_3$〔A〕を求めなさい。

ヒント！
第1法則
　$\dot{I}_1 + \dot{I}_2 = \dot{I}_3$
第2法則 ①
　$8 - j4 = 40\dot{I}_1 - 20\dot{I}_2$
第2法則 ②
　$j10 = j20\dot{I}_2 - j10\dot{I}_3$

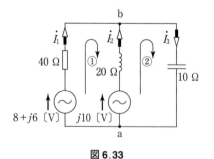

図 6.33

〔答〕$\dot{I}_1 =$ _____ , $\dot{I}_2 =$ _____ , $\dot{I}_3 =$ _____

□**2**　図**6.34** において，重ね合わせの理を用いて $\dot{I}_1$, $\dot{I}_2$, $\dot{I}_3$〔A〕を求め
なさい。

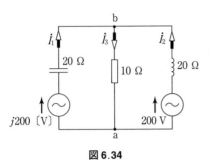

図**6.34**

ヒント！
200 V を短絡して $\dot{I}_1{}'$, $\dot{I}_2{}'$, $\dot{I}_3{}'$ を求める。

ヒント！
$j200$〔V〕を短絡して $\dot{I}_1{}''$, $\dot{I}_2{}''$, $\dot{I}_3{}''$ を求める。

ヒント！
電流の向きに注意して重ね合わせの理を用いて，総和を求める。

〔答〕 $\dot{I}_1 =$ _____ , $\dot{I}_2 =$ _____ , $\dot{I}_3 =$ _____

□**3**　図**6.35** において，テブナンの定理を用いて $\dot{I}$〔A〕を求めなさい。

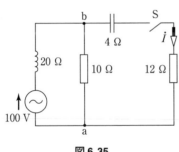

図**6.35**

ヒント！
S が開放されているとき，電流 $\dot{I}_l$ を求める。

これから $\dot{V}_{ab}$ を求める。
S から電源を見たインピーダンス $\dot{Z}_{ab}$ を求める。

S を閉じ，テブナンの定理により電流 $\dot{I}$ を求める。

〔答〕 $\dot{I} =$ _____

# 7 三 相 交 流

## 7.1 三相交流回路

トレーニングのポイント

① **三相交流の表示**

**瞬時値**

$$e_a = \sqrt{2}\,E\sin\omega t \;\text{〔V〕}, \quad e_b = \sqrt{2}\,E\sin\left(\omega t - \frac{2}{3}\pi\right) \;\text{〔V〕}$$

$$e_c = \sqrt{2}\,E\sin\left(\omega t - \frac{4}{3}\pi\right) \;\text{〔V〕}$$

**記号法**

$$\dot{E}_a = E\angle 0 \;\text{〔V〕}, \quad \dot{E}_b = E\angle -\frac{2}{3}\pi \;\text{〔V〕}, \quad \dot{E}_c = E\angle -\frac{4}{3}\pi \;\text{〔V〕}$$

② **電圧と電流の関係**

**Y 結線**

$$V_l = \sqrt{3}\,E_p \;\text{〔V〕}\;(\text{線間電圧}=\sqrt{3}\times\text{相電圧})$$

線間電圧は相電圧より $\dfrac{\pi}{6}$ 〔rad〕進み位相となる。

$$I_l = I_p \;\text{〔A〕}\;(\text{線電流}=\text{相電流})$$

**Δ 結線**

$$V_l = E_p \;\text{〔V〕}\;(\text{線間電圧}=\text{相電圧})$$

$$I_l = \sqrt{3}\,I_p \;\text{〔A〕}\;(\text{線電流}=\sqrt{3}\times\text{相電流})$$

線電流は相電流より $\dfrac{\pi}{6}$ 〔rad〕遅れ位相となる。

③ **Δ–Y 変換**　Δ 結線のインピーダンスを $\dot{Z}_d$, Y 結線のインピーダンスを $\dot{Z}_y$ とすると

$$\dot{Z}_y = \frac{\dot{Z}_d}{3} \;\text{〔Ω〕}$$

## ◆◆◆◆◆　ステップ　1　◆◆◆◆◆

□ **1**　つぎの文の（　　　）に適切な語句や記号，数値を入れなさい。

(1)　三つの起電力の大きさが等しく，たがいに（　　　）$^{①}$rad の位相差のある交流を（　　　）$^{②}$という。

(2)　Y 結線において，各相の電源電圧は（　　　）$^{①}$電圧である。線間電圧は（　　　）$^{②}$電圧より（　　　）$^{③}$rad の（　　　）$^{④}$位相となり，その大きさは 1 相の電圧の（　　　）$^{⑤}$倍となる。

(3)　Δ 結線において，線電流は相電流より（　　　）$^{①}$rad（　　　）$^{②}$位相となり，その大きさは相電流の（　　　）$^{③}$倍となる。

## ◆◆◆◆◆　ステップ　2　◆◆◆◆◆

□ **1**　実効値が 100 V の三相交流電圧（相電圧）を a 相を基準に，つぎに示す表示法で示しなさい。

> **ヒント**！
> 瞬間値
> 　$e = \sqrt{2}\,E\sin\omega t$
> 極座標表示
> 　$\dot{E} = E\angle\varphi$
> 直交座標表示
> 　$\dot{E} = a + jb$

(1)　瞬時値表示　　$e_a = ($　　　　　　　　　　$)$

　　　　　　　　　$e_b = ($　　　　　　　　　　$)$

　　　　　　　　　$e_c = ($　　　　　　　　　　$)$

(2)　記号法（極座標表示・直交座標表示）

　　　　$\dot{E}_a = ($　　　　　$)^{①} = ($　　　　　　$)^{②}$

　　　　$\dot{E}_b = ($　　　　　$)^{③} = ($　　　　　　$)^{④}$

　　　　$\dot{E}_c = ($　　　　　$)^{⑤} = ($　　　　　　$)^{⑥}$

□ **2**　図 7.1 の Y 結線の三相交流回路において，相電圧の大きさが $E_p = 115.5$ V である。各相の相電圧が $\dot{E}_a = E_p\angle 0$ 〔V〕，$\dot{E}_b = E_p\angle -\dfrac{2}{3}\pi$ 〔V〕，$\dot{E}_c = E_p\angle -\dfrac{4}{3}\pi$ 〔V〕で表されるとき，線間電圧 $\dot{V}_{ab}$，$\dot{V}_{bc}$，$\dot{V}_{ca}$ 〔V〕を極座標表示と直交座標表示で表しなさい。

> **ヒント**！
> 表示の変換
> $\dot{E} = E_p\angle\varphi$
> 　$= E_p(\cos\varphi + j\sin\varphi)$
> Y 結線では，線間電圧
> は相電圧の $\sqrt{3}$ 倍。
> 相電圧より $\dfrac{\pi}{6}$ 〔rad〕
> 進み位相となる。

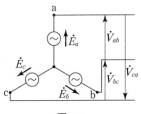

**図 7.1**

〔答〕 $\dot{V}_{ab} =$ ＿＿＿＿＿＿ ＝ ＿＿＿＿＿＿

$\dot{V}_{bc} =$ ＿＿＿＿＿＿ ＝ ＿＿＿＿＿＿

$\dot{V}_{ca} =$ ＿＿＿＿＿＿ ＝ ＿＿＿＿＿＿

□ **3**　図 **7.2** の Y 結線における相電圧が 121 V である。線間電圧 $V_l$〔V〕を求めなさい。

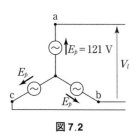

図 **7.2**

ヒント！
Y 結線では
$V_l = \sqrt{3}\,E_p$

〔答〕 $V_l =$ ＿＿＿＿＿＿＿＿＿＿

□ **4**　図 **7.3** の Y 結線された三相交流電源の線間電圧 $V_l$ が 220 V，線電流 $I_l$ が 5 A である。相電圧 $E_p$〔V〕と相電流 $I_p$〔A〕を求めなさい。

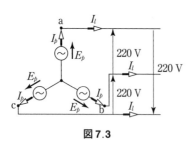

図 **7.3**

ヒント！
Y 結線では
$V_l = \sqrt{3}\,E_p$
$I_l = I_p$

〔答〕 $E_p =$ ＿＿＿＿＿， $I_p =$ ＿＿＿＿＿

□ **5**　図 **7.4** の Δ 結線された三相交流電源の線間電圧 $V_l$ が 200 V，線電流 $I_l$ が 2.5 A である。相電流 $I_p$〔A〕と相電圧 $E_p$〔V〕を求めなさい。

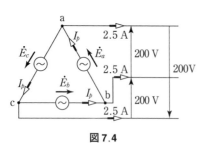

図 **7.4**

ヒント！
Δ 結線では
$V_l = E_p$
$I_l = \sqrt{3}\,I_p$

〔答〕 $I_p =$ ＿＿＿＿＿， $E_p =$ ＿＿＿＿＿

□ **6** 図**7.5**のような Y 結線された負荷に，周波数 $f$ が 60 Hz，線間電圧 $V_l$ が 200 V の三相交流を加えた。このときに流れる線電流 $I_l$〔A〕を求めなさい。

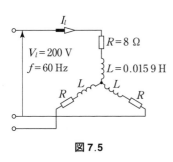

$R = 8\ \Omega$
$L = 0.015\,9\ \mathrm{H}$

**図 7.5**

〔答〕 $I_l =$ _____

□ **7** $\dot{Z} = 4 + j3$〔Ω〕の負荷を Δ 結線した回路に，線間電圧 100 V の三相交流を加えた。このとき負荷に流れる相電流 $I_p$〔A〕と線電流 $I_l$〔A〕を求めなさい。

〔答〕 $I_p =$ _____ , $I_l =$ _____

□ **8** 図**7.6**のような Δ 結線された負荷において，周波数 $f$ が 50 Hz，線間電圧 $V_l$ が 210 V の三相交流を加えた。このときに流れる相電流 $I_p$〔A〕および線電流 $I_l$〔A〕を求めなさい。

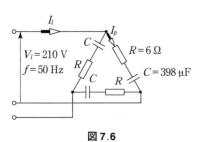

$R = 6\ \Omega$
$C = 398\ \mu\mathrm{F}$

**図 7.6**

〔答〕 $I_p =$ _____ , $I_l =$ _____

□ **9**  図 **7.7** のような Δ-Δ 結線の三相交流回路において, 相電流 $I_p$ 〔A〕
と線電流 $I_l$ 〔A〕を求めなさい。

$I_p = \dfrac{E_p}{Z}$

$I_l = \sqrt{3}\, I_p$

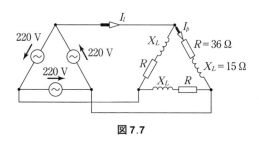

220 V    $I_l$    $I_p$

220 V    $X_L$    $R = 36\ \Omega$

220 V    $R$    $X_L = 15\ \Omega$

$X_L$    $R$

**図 7.7**

〔答〕 $I_p =$ ＿＿＿＿＿ ,  $I_l =$ ＿＿＿＿＿

□ **10**  $R$〔Ω〕の抵抗 3 個を Y 結線して線間電圧 200 V の三相交流を加え
たとき, 線電流が 10 A になった。この 3 個の抵抗を Δ 結線に変更し
て, 線間電圧 200 V の三相交流を加えたときに流れる線電流 $I_l$〔A〕を
求めなさい。

Y 結線
$V_l = \sqrt{3}\, E_p$
Δ 結線
$I_l = \sqrt{3}\, I_p$

〔答〕 $I_l =$ ＿＿＿＿＿

## ◇◇◇◇◇ ステップ 3 ◇◇◇◇◇

‖‖‖‖‖‖‖  **例題 1**  ‖‖‖‖‖‖‖‖‖‖‖‖‖‖‖‖‖‖‖‖‖‖‖‖‖‖‖‖‖‖‖‖‖‖‖‖‖‖‖‖‖‖‖‖‖‖‖‖‖

三相交流回路において, 図 **7.8** のように b 相の電源の向きを誤って逆向きに接続してしまっ
た。このときつぎの問に答えなさい。なお, 相電圧の大きさは $E_p = 100\ \mathrm{V}$, 相順は a → b → c
の順である。

（1） 相電圧と線間電圧の関係をベクトル図に描きなさい。

（2） 各線間電圧 $\dot{V}_{ab}$, $\dot{V}_{bc}$, $\dot{V}_{ca}$〔V〕と各電圧の大きさ〔V〕を求めなさい。

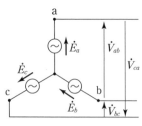

**図 7.8**

【解答】

（1）相電圧 $E_a$ を基準にして**図7.9**のベクトル図を描く。

ベクトルの向きに留意して式を立てる。

$$\dot{V}_{ab} = \dot{E}_a + \dot{E}_b$$

$$\dot{V}_{bc} = -\dot{E}_b + (-\dot{E}_c)$$

$$\dot{V}_{ca} = \dot{E}_c + (-E_a)$$

この式から $\dot{V}_{ab}$, $\dot{V}_{bc}$, $\dot{V}_{ca}$ のベクトル図を図6.9に描く。

図7.9

（2）図6.9のベクトル図から

$$\dot{V}_{ab} = E_p \angle -\frac{\pi}{3} = 100 \angle -\frac{\pi}{3} \text{〔V〕}$$

$$V_{ab} = 100 \text{ V}$$

$$\dot{V}_{bc} = \dot{E}_a = E_p \angle 0 \text{〔V〕}$$

$$V_{bc} = 100 \text{ V}$$

$$\dot{V}_{ca} = \sqrt{3}\, E_p \angle -\frac{7}{6}\pi = 173 \angle -\frac{7}{6}\pi = -149.8 + j86.5 \text{〔V〕}$$

$$V_{ca} = 173 \text{ V}$$

□**❶** 三相起電力 $\dot{E}_a$, $\dot{E}_b$, $\dot{E}_c$（相電圧の大きさは200 V）を誤って**図7.10**のように接続した。各線間電圧の大きさ〔V〕を求めなさい。

**ヒント**!

a相の総電圧 $\dot{E}_a$ を基準にベクトル図を描いて調べる。

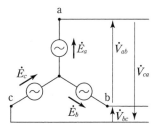

図7.10

〔答〕 $V_{ab} =$ _____ , $V_{bc} =$ _____ , $V_{ca} =$ _____

□ **2**　図 **7.11** のような三相交流回路において，線電流 $I_l$ が 15 A のとき，電源の相電圧 $E_p$ の大きさ〔V〕を求めなさい。

ヒント！

負荷側
　$V_l = Z I_p$
電源側
　$V_l = \sqrt{3}\, E_p$

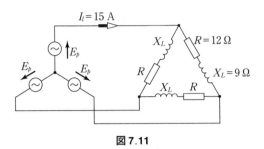

図 **7.11**

〔答〕　$E_p =$ _____

□ **3**　相電圧が 100 V の Y–Y 結線において，1 相のインピーダンス $\dot{Z} = 5 + j5\sqrt{3}$〔Ω〕の負荷を接続したときの線電流 $\dot{I}_l$〔A〕（基準となる相の記号法表示），線間電圧 $\dot{V}_l$ の大きさ〔V〕，線間電圧と線電流の位相差 $\varphi$〔°〕を求めなさい。

ヒント！

Y 結線
相電圧と線間電圧の位
相差は $\dfrac{\pi}{6}\pi$〔rad〕

〔答〕　$\dot{I}_l =$ _____ ，$V_l =$ _____ ，$\varphi =$ _____

□ **4**　図 **7.12** のような Δ 結線回路において，線間電圧 $V_l = 100$ V，負荷のインピーダンス $\dot{Z} = 5 + j5\sqrt{3}$〔Ω〕であるとき，相電流 $I_p$〔A〕と線電流 $I_l$〔A〕を求めなさい。また，線間電圧 $\dot{V}_{ab}$〔V〕を基準としたとき，相電流 $\dot{I}_{pa}$, $\dot{I}_{pb}$, $\dot{I}_{pc}$〔A〕，線電流 $\dot{I}_a$, $\dot{I}_b$, $\dot{I}_c$〔A〕を求めなさい。

ヒント！

a 相の相電圧 $\dot{E}_a$ を基
準にベクトル図を描
く。
相電圧と相電流の位相
差 $\varphi$

　$\varphi = \tan^{-1}\dfrac{X}{R}$

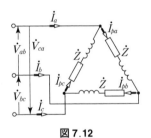

図 **7.12**

〔答〕　$I_p =$ _____ ，$I_l =$ _____

$\dot{I}_{pa} =$ _____ ，$\dot{I}_{pb} =$ _____ ，$\dot{I}_{pc} =$ _____

$\dot{I}_a =$ _____ ，$\dot{I}_b =$ _____ ，$\dot{I}_c =$ _____

||||||||||||| **例題** 2 ||||||||||||||||||||||||||||||||||||||||||||||||||||||||||||||||||||||||||||||||||||||||||||||||||||||||||||||||||

図 **7**.13 のような三相交流回路において，線電流 $I_l$〔A〕を求めなさい。

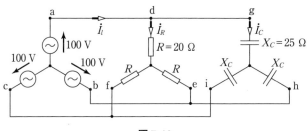

**図 7.13**

**解 答**

基準電圧を $\dot{E}_a = 100\angle 0$〔V〕として $\dot{I}_R$, $\dot{I}_C$ を求める。

$$\dot{I}_R = \frac{100}{20} = 5 \text{ A}, \quad \dot{I}_C = \frac{100}{-j25} = j4 \text{〔A〕}$$

線電流 $\dot{I}_l$ は $\dot{I}_R$ と $\dot{I}_C$ の和となる。

$$\dot{I}_l = \dot{I}_R + \dot{I}_C = 5 + j4 \text{〔A〕}$$

線電流の大きさ $I_l$ は $\dot{I}_l$ の絶対値なので

$$I_l = \sqrt{5^2 + 4^2} = 6.4 \text{ A}$$

□ **5** 図 **7**.14 のように 2 種類の抵抗を接続した三相負荷に，150 V の三相 交流を加えたときの線電流 $I_l$〔A〕を求めなさい。なお，抵抗 A は 10 Ω，抵抗 B は 30 Ω とする。

**ヒント**！

Δ-Y 変換する。

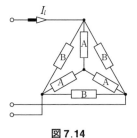

**図 7.14**

答 $I_l =$ _____

□**6**　図**7.15**のような三相交流回路において，相電流 $I_{pc}$, $I_{pr}$〔A〕，線電流 $I_l$〔A〕を求めなさい。

ヒント！

相電流は各回路ごとに求められる。Δ–Y 変換する。

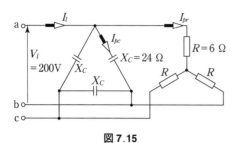

図**7.15**

〔答〕 $I_{pc}=$ ＿＿＿＿＿＿＿ , $I_{pr}=$ ＿＿＿＿＿＿＿ , $I_l=$ ＿＿＿＿＿＿＿

□**7**　図**7.16**のように，2Ωの抵抗を通じて，Δ結線された $\dot{Z}=3+j12$〔Ω〕の負荷に線間電圧 $V_l=100$ V の三相交流を加えたとき，流れる線電流 $I_l$〔A〕を求めなさい。

ヒント！

Δ結線を Y 結線に変換し，1相当分のインピーダンス $Z$ を求める。

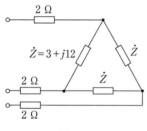

図**7.16**

〔答〕 $I_l=$ ＿＿＿＿＿＿＿＿

□**8**　図**7.17**のような三相交流回路において，線電流 $I_l$ の大きさ〔A〕を求めなさい。

ヒント！

Δ結線を Y 結線に変換し，1相分のインピーダンス $Z$ を求める

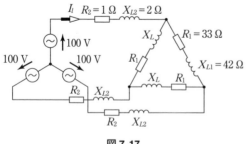

図**7.17**

〔答〕 $I_l=$ ＿＿＿＿＿＿＿＿

# 7.2 三相交流電力

> ## トレーニングのポイント
>
> ① **三相交流電力**
>
> 三相電力 $P_3 = 3E_p I_p \cos\varphi = \sqrt{3}\, V_l I_l \cos\varphi$ 〔W〕
>
> 力 率 $\cos\varphi = \dfrac{R}{Z}$
>
> $\left(\cos\varphi = \dfrac{R}{Z},\ I_p = \dfrac{E_p}{Z}\ \text{より},\ P_3 = 3E_p I_p \cos\varphi = 3E_p I_p \dfrac{R}{Z} = 3I_p^2 R\ \text{で求めることもできる}\right)$
>
> ② **電力の測定（2電力計法）** 電力計2台の指示が $P_a, P_b$ のとき，三相回路の電力 $P_3$ は
>
> $P_3 = P_a + P_b$ 〔W〕
>
> $P_a = V_l I_l \cos\left(\dfrac{\pi}{6} + \varphi\right)$ 〔W〕， $P_b = V_l I_l \cos\left(\dfrac{\pi}{6} - \varphi\right)$ 〔W〕

◇◇◇◇◇ **ステップ 1** ◇◇◇◇◇

□ **❶** つぎの文の（　　）に適切な語句や記号，数値を入れなさい。

（1） 三相交流回路は三つの（　　）①交流回路からなっていると考えられるので，三相交流電力は（　　）②の電力の和で表すことができる。

（2） 三相交流電力は，相電圧を $E_p$，線間電圧を $V_l$，相電流を $I_p$，線電流を $I_l$，負荷の力率を $\cos\varphi$ とすれば，相電圧と相電流から $P_3 = ($　　　　　$)^① \cos\varphi$ で，線間電圧と線電流から $P_3 = ($　　　　　$)^② \cos\varphi$ で求められる。

（3） 2電力計法で三相電力を測定する際，各電力計の指示を $P_1, P_2$ 〔W〕とすれば，$P_3 = ($　　　$)^①$ 〔W〕として求められる。また，測定中の一方の電力計の指示が負の向きに振れたときは，その電力計の（　　）②コイルの極性を逆にして測定する。このときは $P_3 = ($　　　　　$)^③$ または（　　　　　）④ として求めればよい。

◇◇◇◇◇ **ステップ 2** ◇◇◇◇◇

> **ヒント！**
> 三相電力＝各相の電力の和

□ **❶** 三相交流回路において a 相の電力が 400 W，b 相の電力が 500 W，c 相の電力が 700 W であるという。三相全体の電力 $P_3$ 〔kW〕を求めなさい。

答 $P_3 =$ _____

□ **2**　三相交流回路において 1 相が 20 Ω の抵抗が Y 結線されている。線電流が 5 A であるときの消費電力 $P_3$〔kW〕を求めなさい。

ヒント！
1 相あたりの電力 = $RI^2$

〔答〕 $P_3 =$ _____

□ **3**　線間電圧 200 V の電源に力率 70 % の負荷を接続したところ，負荷（線）電流が 10 A 流れた。このときに負荷で消費した三相電力 $P_3$〔kW〕を求めなさい。

ヒント！
$P_3 = \sqrt{3}\ V_l I_l \cos\varphi$

〔答〕 $P_3 =$ _____

□ **4**　線間電圧 200 V の三相交流を負荷に接続したところ，消費電力 $P_3$ が 12 kW，無効電力 $P_{q3}$ が 5 kvar であった。負荷の力率 $\cos\varphi$〔%〕を求めなさい。

ヒント！
力率 = $\dfrac{\text{有効電力}}{\text{皮相電力}}$

〔答〕 $\cos\varphi =$ _____

□ **5**　$R = 8\,\Omega$，$X_L = 6\,\Omega$ の負荷を直列に接続した Δ 結線に，線間電圧 200 V の三相交流を加えたときの三相電力 $P_3$〔kW〕を求めなさい。

ヒント！
$\dot{I}_p = \dfrac{\dot{E}_p}{\dot{Z}}$

$\varphi = \tan^{-1}\dfrac{X}{R}$

〔答〕 $P_3 =$ _____

□ **6**　図 **7.18** に示すように，Δ 結線の負荷を線間電圧 $V_l = 210$ V の三相電源に接続したところ，線電流 $I_l = 42$ A が流れ，三相電力は $P_3 = 10.6$ kW であった。負荷 1 相分のインピーダンス $Z$〔Ω〕，抵抗 $R$〔Ω〕，リアクタンス $X$〔Ω〕の値を求めなさい。

ヒント！
$I_l = \sqrt{3}\ I_p$

$Z = \dfrac{E_p}{I_p}$

$Z^2 = R^2 - X_L^2$

$P_3 = \sqrt{3}\ V_l I_l \cos\varphi$

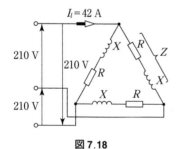

**図 7.18**

〔答〕 $Z =$ _____

$R =$ _____

$X =$ _____

□ **7**　電源側 1 相の相電圧が 200 V の Y-Δ 結線された三相交流回路がある。各相の負荷が $10\sqrt{3} + j10$〔Ω〕のとき，この回路の三相交流電力 $P_3$〔kW〕を求めなさい。

ヒント！
Δ 結線
$I_p = \dfrac{V_l}{Z}$

$P_3 = 3I_p^2 R$

〔答〕 $P_3 =$ _____

◆◆◆◆◆ **ステップ 3** ◆◆◆◆◆

□**1**　図 **7.19** のように，相電圧が 120 V の三相交流電源が Y 結線されて
おり，1 Ω の抵抗を通じて Δ 結線された 27 Ω の負荷に接続されてい
る。負荷で消費される電力 $P_3$ 〔kW〕を求めなさい。

ヒント！
Δ–Y 変換する。
$P_3 = 3I_p^2 R$

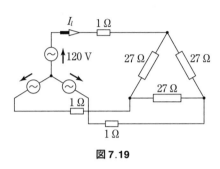

**図 7.19**

答 $P_3 =$ _____

□**2**　図 **7.20** において，電圧計，電流計，電力計がそれぞれ 200 V，15
A，1 800 W を指示した。これらから三相電力 $P_3$ 〔kW〕を求めなさ
い。ただし，相順は a，b，c とする。

ヒント！
a 相の相電圧 $\dot{E}_a$ を基
準にしたベクトル図は
下図のとおり。
電力計で測定している
対象に留意する。

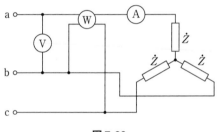

**図 7.20**

答 $P_3 =$ _____

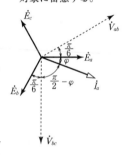

□**3**　図 **7.21** において，電力計 $W_1$，$W_2$ でそれぞれ測定される値 $P_1$，$P_2$
〔W〕を求めなさい。

ヒント！
電力計の指示は
$$P_1 = V_l I_l \cos\left(\frac{\pi}{6} + \varphi\right)$$
$$P_2 = V_l I_l \cos\left(\frac{\pi}{6} - \varphi\right)$$

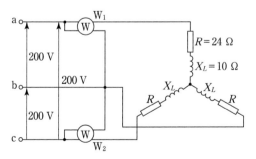

**図 7.21**

答 $P_1 =$ _____

$P_2 =$ _____

# 7.3　回 転 磁 界

**トレーニングのポイント**

① **三相交流による回転磁界**　単巻コイルに単相交流を流したときに発生する磁界を $\frac{2}{3}$ π〔rad〕（120°）ずつずらして組み合わせることによって，回転磁界が形成される。

② **同期速度**

　　回転磁界の回転速度　$N_s = \frac{120}{p} f$ 〔min$^{-1}$〕

③ **二相交流による回転磁界**　コイル内に発生する磁界に位相差を生じさせることにより，回転磁界を発生させる。

◆◆◆◆◆ **ステップ　1** ◆◆◆◆◆

□ **1**　つぎの文の（　　）に適切な語句や記号，数値を入れなさい。

（1）　三相交流によって発生する回転磁界は，一つのコイルの磁界の最大値を $H_m$ としたとき，その大きさは（　　）①で表される。また，回転磁界の大きさはつねに（　　）②である。

（2）　三相交流の周波数を $f$ とすると，回転磁界の回転速度は（　　）①で表される。この回転速度のことを（　　）②という。

（3）　回転磁界の回転方向は（　　）①に従い，回転方向を逆転する際は3本の電線のうち，いずれか（　　）②の接続を（　　）③にする。

□ **2**　図 **7.22** に示すように，120°ずつずらして配置した3個のコイルに，三相交流電流を流したとき，それぞれのコイルに発生する磁界（向きと大きさ）と三つのコイルで形成される磁界を**表7.1**に描きなさい。なお，磁界の大きさは，電流の大きさに比例するものとする。

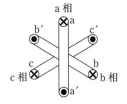

コイルの配置と
正方向の電流の向き

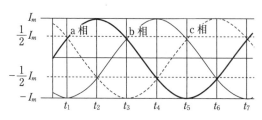

**図 7.22**

**表7.1**

| 時刻 | a相 | b相 | c相 | 合成磁界 |
|---|---|---|---|---|
| $t_1$, $t_7$ | | | | |
| $t_2$ | | | | |
| $t_3$ | | | | |
| $t_4$ | | | | |
| $t_5$ | | | | |
| $t_6$ | | | | |

□ **3**　磁極数 $p=4$，周波数 $f=60\,\mathrm{Hz}$ の三相交流から発生する回転磁界の同期速度 $N_s$〔$\mathrm{min^{-1}}$〕を求めなさい。

答 $N_s=$ _____

# 8 各種の波形

## 8.1 非正弦波交流

① **非正弦波交流の成分**

$$v = \boxed{V_0} + \boxed{\sqrt{2}\,V_1\sin(\omega t + \varphi_1)} + \boxed{\sqrt{2}\,V_2\sin(2\omega t + \varphi_2) + \sqrt{2}\,V_3\sin(3\omega t + \varphi_3) + \cdots}$$

直流成分　　基本波成分　　　　　　　　　　　　　　高調波成分

② **非正弦波交流の各値**

（**1**）　**実効値**　　　　　　　　　　　　　　$V_0$ は直流成分，$V_1$ は基本波の実効値，

$$V = \sqrt{V_0^2 + V_1^2 + V_2^2 + V_3^2 + \cdots}$$
$V_2$，$V_3$, … は高調波の実効値

（**2**）　**ひずみ率**
　　　　　　　　　　　　　　　　　　　　　$V_1$ は基本波の実効値，

$$k = \frac{\sqrt{V_2^2 + V_3^2 + V_4^2 + \cdots}}{V_1} \times 100 \ (\%)$$
$V_2$，$V_3$, … は高調波の実効値

（**3**）　**波形率と波高率**

$$\text{波形率} = \frac{\text{実効値}}{\text{平均値}}, \quad \text{波高率} = \frac{\text{最大値}}{\text{実効値}}$$

③ **非正弦波交流の電力・力率**

（**1**）　**電　力**　　電力は，各成分ごとに計算し，和を求める。

$$P = V_1 I_1 \cos\varphi_1 + V_2 I_2 \cos\varphi_2 + \cdots + V_n I_n \cos\varphi_n \ (\text{W})$$

（**2**）　**力　率**

$$\cos\varphi = \frac{\text{有効電力}}{\text{皮相電力}} = \frac{P}{VI}$$

◆◆◆◆◆ **ステップ 1** ◆◆◆◆◆

□ **1**　つぎの文の（　　）に適切な語句を入れなさい。

（1）　波形が正弦波でない交流を（　　　　　　　　）①交流という。一般に（　　　　　　　　）②
　　　交流は，その交流の（　　　　　　）③成分と，その（　　　　　　　　）④倍の周波数成分を持つ
　　　（　　　　　　）⑤成分，さらに直流成分から構成される。

（2）　基本波周波数の２倍の高調波を（　　　　　　　　）①，３倍の高調波を（　　　　　　　　）②とい

い，$n$ 倍の高調波を（　　　　　）③という。この $n$ を高調波の

（　　　　　）④という。高調波の（　　　　　）⑤が奇数のものを

（　　　　　）⑥，偶数のものを（　　　　　）⑦という。

（3）　非正弦波交流の波形が対称波であれば，基本波＋（　　　）①調

波であり，非対称波であれば，基本波＋（　　　）②調波である。

（4）　基本波の実効値に対する高調波の（　　　　　）①の比を非正弦

波交流の（　　　　　）②率という。

（5）　非正弦波交流の成分を，横軸に（　　　　　）①，縦軸に基本波

の（　　　　　）②を 1 として，これに対する高調波の成分の最大

値の割合を表した図を周波数（　　　　　）③という。

（6）　非正弦波交流の電力は，瞬時電力の（　　　　　）①で表され，

各調波の電力の（　　　）②で表される。

□ **2**　つぎの非正弦波交流は横軸に対称であるか。

ヒント！
偶数調波だけを含む非
正弦波は非対称波に，
奇数調波だけを含む非
正弦波は対称波とな
る。

（1）　$v = 20\sin\left(\omega t - \dfrac{\pi}{6}\right) + 10\sin\left(3\omega t - \dfrac{\pi}{3}\right) + 5\sin\left(5\omega t - \dfrac{\pi}{2}\right)$ 〔V〕

〔答〕_____

（2）　$i = 7\sin(\omega t - 40°) + 4\sin(2\omega t + 20°) - 2\sin(4\omega t + 70°)$ 〔A〕

〔答〕_____

□ **3**　基本波の周波数が 50 Hz のとき，第 3，第 4，第 5 調波の周波数

〔Hz〕はいくらか。

〔答〕第 3 調波 _____，第 4 調波 _____，第 5 調波 _____

□ **4**　基本波に対して 10 Ω の誘導リアクタンスと 250 Ω の容量リアクタン

スの直列回路において，共振が起きるのは第何調波のときか。

ヒント！
$nX_L = \dfrac{1}{n}X_C$

〔答〕_____

## ◆◆◆◆◆ ステップ 2 ◆◆◆◆◆

‖‖‖‖‖‖‖‖ 例題 1 ‖‖‖‖‖‖‖‖‖‖‖‖‖‖‖‖‖‖‖‖‖‖‖‖‖‖‖‖‖‖‖‖‖‖‖‖‖‖‖‖‖‖‖‖‖‖

$v = 34\sqrt{2}\sin \omega t - 17\sqrt{2}\sin 2\omega t + 6\sqrt{2}\sin 3\omega t$〔V〕の実効値 $V$〔V〕を求めなさい。

**解答**  $V = \sqrt{V_1^2 + V_2^2 + V_3^2} = \sqrt{34^2 + 17^2 + 6^2} = 38.5\,\mathrm{V}$

‖‖‖‖‖‖‖‖ 例題 2 ‖‖‖‖‖‖‖‖‖‖‖‖‖‖‖‖‖‖‖‖‖‖‖‖‖‖‖‖‖‖‖‖‖‖‖‖‖‖‖‖‖‖‖‖‖‖

$e = 2\sin \omega t + \sin 2\omega t$〔V〕の波形を描きなさい。破線は $e_0 = \sin \omega t$〔V〕の波形とする（**図8.1**）。

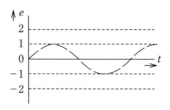

図8.1

**解答**

① $\sin \omega t$ の波形をもとに $2\sin \omega t$ を描く（**図8.2**（a））。

② $\sin \omega t$ の波形をもとに $\sin 2\omega t$ を描く（図（b））。

③ 描いた二つの波形を合成した波形を描く（図（c））。

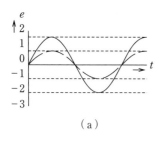

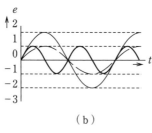

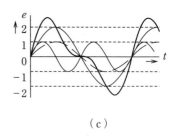

（a）　　　　　　　　　（b）　　　　　　　　　（c）

図8.2

‖‖‖‖‖‖‖‖ 例題 3 ‖‖‖‖‖‖‖‖‖‖‖‖‖‖‖‖‖‖‖‖‖‖‖‖‖‖‖‖‖‖‖‖‖‖‖‖‖‖‖‖‖‖‖‖‖‖

**図8.3** のような波形を式で示しなさい。

**解答**

基本波を $\omega t$ とすると，$2\sin \omega t$ と高調波 $\sin 3\omega t$ からなることがわかる。

したがって，非正弦波交流の式は

$e = 2\sin \omega t + \sin 3\omega t$

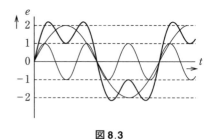

図8.3

□**1** つぎの非正弦波交流の実効値 $V$〔V〕およびひずみ率 $k$〔%〕を求めなさい。

（1）　$v = 60 + 10\sqrt{2}\sin \omega t + 5\sqrt{2}\sin 2\omega t + 3\sqrt{2}\sin 3\omega t$〔V〕

答 $V=$ _____ , $k=$ _____

（2）　$v = 100\sqrt{2}\sin\omega t + 60\sqrt{2}\sin\left(2\omega t - \dfrac{\pi}{4}\right) + 30\sqrt{2}\sin\left(3\omega t + \dfrac{\pi}{3}\right)$〔V〕

**ヒント**！

実効値
$$V = \sqrt{V_0^2 + V_1^2 + V_2^2 + V_3^2 + \cdots}$$
ひずみ率
$$k = \dfrac{\sqrt{V_2^2 + V_3^2 + V_4^2 + \cdots}}{V_1} \times 100\ 〔\%〕$$

答　$V = $ ＿＿＿＿＿＿＿ , $k = $ ＿＿＿＿＿＿＿

□ **❷**　つぎの非正弦波交流の波形を描きなさい。**図8.4**の波形は $e = \sin\omega t$,

$i = \sin\omega t$ とする。

（1）　$e_1 = 2 + \sin 3\omega t$〔V〕

（2）　$e_2 = 2\sin\omega t + \sin 2\omega t$〔V〕

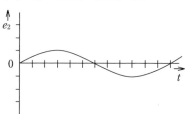

（3）　$i_1 = 2\sin\omega t + \sin\left(2\omega t + \dfrac{\pi}{2}\right)$〔A〕

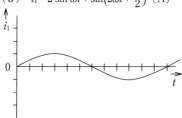

（4）　$i_2 = 1 + 2\sin\omega t + \sin 3\omega t$〔A〕

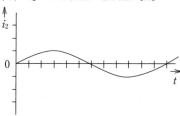

**図8.4**

□ **3**　**図8.5**の非正弦波交流 $e$ の波形を式で表しなさい。

（1）

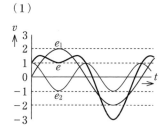

（2）

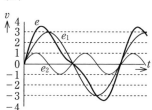

（3）

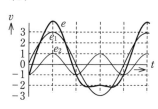

**図8.5**

答　（1）＿＿＿＿＿＿＿＿＿＿＿＿＿＿＿

　　（2）＿＿＿＿＿＿＿＿＿＿＿＿＿＿＿

　　（3）＿＿＿＿＿＿＿＿＿＿＿＿＿＿＿

□ **4**　基本波に対する値が $R=15\,\Omega$, $\omega L=10\,\Omega$ の直列回路がある。第2調波と第4調波に対するインピーダンス $Z_2$, $Z_4$〔Ω〕を求めなさい。

ヒント！
$$Z_n=\sqrt{R^2+(nX_L)^2}$$

答　$Z_2=$ _____ , $Z_4=$ _____

□ **5**　基本波に対する値が $R=6\,\Omega$, $\dfrac{1}{\omega C}=8\,\Omega$ の直列回路がある。基本波に対するインピーダンス $Z_1$〔Ω〕，および第3調波に対するインピーダンス $Z_3$〔Ω〕を求めなさい。

ヒント！
$$Z_n=\sqrt{R^2+\left(\frac{1}{n}X_C\right)^2}$$

答　$Z_1=$ _____ , $Z_3=$ _____

□ **6**　$R=30\,\Omega$, $\omega L=20\,\Omega$, $\dfrac{1}{\omega C}=40\,\Omega$ である $R$-$L$-$C$ 直列回路の基本波および第5調波に対するインピーダンス $Z_1$, $Z_5$〔Ω〕を求めなさい。

ヒント！
$$Z_n=\sqrt{R^2+\left(nX_L-\frac{1}{n}X_C\right)^2}$$

答　$Z_1=$ _____ , $Z_5=$ _____

□ **7**　$R=15\,\Omega$, $\omega L=10\,\Omega$ である $R$-$L$ 直列回路に，つぎのような非正弦波交流電圧 $v$〔V〕を加えた。回路に流れる電流の実効値 $I$〔A〕を求めなさい。

$$v=90\sqrt{2}\sin\omega t+50\sqrt{2}\sin 2\omega t \;\text{〔V〕}$$

ヒント！
$$I=\sqrt{I_0^2+I_1^2+I_2^2+\cdots}$$

答　$I=$ _____

□ **8** $R = 12\,\Omega$, $\omega L = 6\,\Omega$, $\dfrac{1}{\omega C} = 15\,\Omega$ である $R$-$L$-$C$ 直列回路に, つぎのような非正弦波交流電圧 $v$〔V〕を加えた。回路に流れる電流の実効値 $I$〔A〕を求めなさい。

$$v = 150 \sin \omega t + 50 \sin 3\omega t \ \text{〔V〕}$$

ヒント！

$Z_n = \sqrt{R^2 + \left(nX_L - \dfrac{1}{n}X_C\right)^2}$

$I = \sqrt{I_0^2 + I_1^2 + I_2^2 + \cdots}$

〔答〕 $I =$ _____

□ **9** 60 Hz に対して 10 Ω のリアクタンスを持つコイルに

$$i = 40\sqrt{2}\sin(120\pi t - 20°) + 10\sqrt{2}\sin(360\pi t - 50°) \ \text{〔A〕}$$

の電流が流れた。このときのコイルの端子電圧の実効値 $V$〔V〕を求めなさい。

ヒント！

$V = \sqrt{V_0^2 + V_1^2 + V_2^2 + \cdots}$

〔答〕 $V =$ _____

□ **10** $i = 10\sqrt{2}\sin \omega t + 5\sqrt{2}\sin 3\omega t$〔A〕の電流を 20 Ω の抵抗に流したときに消費される電力 $P$〔kW〕を求めなさい。

ヒント！

$P = V_1 I_1 \cos \varphi_1$
$\quad + V_2 I_2 \cos \varphi_2$
$\quad + \cdots$
$\quad = R I_1^2 + R I_2^2 + \cdots$

〔答〕 $P =$ _____

◈◈◈◈◈ **ステップ 3** ◈◈◈◈◈

‖‖‖‖‖‖ 例題 4 ‖‖‖‖‖‖‖‖‖‖‖‖‖‖‖‖‖‖‖‖‖‖‖‖‖‖‖‖‖‖‖‖‖‖‖‖‖‖‖‖‖‖‖‖‖‖‖‖

図 **8**.6 のように最大値 20 V, 周期 10 μs の三角波がある。この波形の第 7 調波以下を無視したときの三角波の実効値 $V$〔V〕とひずみ率 $k$〔%〕を求めなさい。

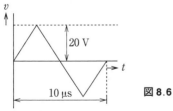

図 **8**.6

解答

三角波の展開公式は

$$v=\frac{8}{\pi^2}V_m\left\{\sin\omega t-\frac{1}{3^2}\times\sin 3\omega t+\frac{1}{5^2}\times\sin 5\omega t+\frac{(-1)^{n+1}}{(2n-1)^2}\times\sin(2n-1)\omega t+\cdots\right\}$$

から

基本波の実効値　$V_1=\dfrac{8}{\pi^2}\times\dfrac{20}{\sqrt{2}}=11.5$

第 3 調波の実効値　$V_3=\dfrac{8}{\pi^2}\times\dfrac{20}{\sqrt{2}}\times\dfrac{1}{9}=1.27$

第 5 調波の実効値　$V_5=\dfrac{8}{\pi^2}\times\dfrac{20}{\sqrt{2}}\times\dfrac{1}{25}=0.46$

これらから，三角波の実効値 $V$ は

$$V=\sqrt{V_1^2+V_3^2+V_5^2}=\sqrt{11.5^2+1.27^2+0.46^2}=11.6\ \mathrm{V}$$

ひずみ率 $k$ は

$$k=\frac{\sqrt{V_3^2+V_5^2}}{V_1}\times100=\frac{\sqrt{1.27^2+0.46^2}}{11.5}\times100=11.7\ \%$$

□ **❶**　つぎに示す電圧波形における基本波の実効値 $V_1$〔V〕，第 3 調波の
実効値 $V_3$〔V〕および第 5 調波の実効値 $V_5$〔V〕を求めなさい。ま
た，この電圧波形の実効値 $V$〔V〕とひずみ率 $k$〔%〕を求めなさい。

$$v=30\sin\omega t+10\sin 3\omega t+6\sin 5\omega t\ \text{〔V〕}$$

**ヒント**！

実効値
$$V=\sqrt{V_0^2+V_1^2+V_2^2+V_3^2+\cdots}$$
ひずみ率
$$k=\frac{\sqrt{V_2^2+V_3^2+V_4^2+\cdots}}{V_1}$$
$$\times100\ \text{〔%〕}$$

〔答〕　$V_1=$　　　　　　，$V_3=$　　　　　　，$V_5=$

　　　　$V=$　　　　　　，$k=$

□ **❷**　$v_1=100\sin\omega t$〔V〕の電圧を加えたところ，$i=5\sin(\omega t-30°)$〔A〕
の電流が流れる $R$-$L$ 直列回路がある。この回路に

$$v_2=60\sqrt{2}\sin\omega t+35\sqrt{2}\sin 3\omega t\ \text{〔V〕}$$

の電圧を加えたとき，回路に流れる電流の実効値 $I$〔A〕を求めなさい。

**ヒント**！
$$I=\sqrt{I_0^2+I_1^2+I_2^2+\cdots}$$

〔答〕　$I=$

□ **3**　$R=5\,\Omega$, $\omega L=4\,\Omega$ の直列回路に

$$v=25\sqrt{2}\sin \omega t+10\sqrt{2}\sin 2\omega t+5\sqrt{2}\sin 3\omega t \ \text{〔V〕}$$

の電圧を加えたとき，流れる電流の実効値 $I$ 〔A〕を求めなさい。

ヒント！
$$I=\sqrt{I_0^2+I_1^2+I_2^2+\cdots}$$

〔答〕 $I=$＿＿＿＿＿＿＿＿＿＿

□ **4**　実効値 100 V の基本波を加えたところ，実効値 4 A の電流が流れる $R\text{-}C$ 直列回路がある。この回路に実効値 50 V の第 2 調波を加えたところ，実効値 2.5 A の電流が流れた。抵抗 $R$ 〔Ω〕を求めなさい。

ヒント！
$$Z_n=\sqrt{R^2+\left(\frac{1}{n}X_C\right)^2}$$

〔答〕 $R=$＿＿＿＿＿＿＿＿＿＿

□ **5**　$R=4\,\Omega$, $\omega L=3\,\Omega$ を直列に接続した回路に

$$i=8\sqrt{2}\sin(\omega t-\varphi_1)+4\sqrt{2}\sin(3\omega t-\varphi_3)+2\sqrt{2}\sin(5\omega t-\varphi_5) \ \text{〔A〕}$$

の電流が流れているときの消費電力 $P$ 〔W〕はいくらか。

ヒント！
$$P=R(I_1^2+I_2^2+\cdots)$$

〔答〕 $P=$＿＿＿＿＿＿＿＿＿＿

□ **6**　$e=100\sqrt{2}\sin(\omega t+\varphi_1)+50\sqrt{2}\sin(3\omega t+\varphi_3)+10\sqrt{2}\sin(5\omega t+\varphi_5) \ \text{〔V〕}$ の交流電圧を $R=8\,\Omega$, $\omega L=6\,\Omega$ の直列回路に加えた。この回路における消費電力 $P$ 〔W〕はいくらか。

ヒント！
$$P=R(I_1^2+I_2^2+I_3^2+\cdots)$$

〔答〕 $P=$＿＿＿＿＿＿＿＿＿＿

# 8.2 過 渡 現 象

① **R-C 直列回路**　　R-C 直列回路において，抵抗を $R$〔Ω〕，コンデンサの静電容量を $C$〔F〕，電源電圧を $E$〔V〕，スイッチを閉じてから $t$ 秒後に流れる電流 $i$〔A〕は

$$i = \frac{E}{R}\varepsilon^{-\frac{t}{RC}} \text{〔A〕}$$

② **R-L 直列回路**　　R-L 直列回路において，抵抗を $R$〔Ω〕，コイルのインダクタンスを $L$〔H〕，電源電圧を $E$〔V〕，スイッチを閉じてから $t$ 秒後に流れる電流 $i$〔A〕は

$$i = \frac{E}{R}\left(1 - \varepsilon^{-\frac{R}{L}t}\right) \text{〔A〕}$$

③ **時定数**　　R-C 直列回路，R-L 直列回路の時定数は

$$T = RC \text{〔s〕}, \quad T = \frac{L}{R} \text{〔s〕}$$

## ◇◇◇◇◇ ステップ 1 ◇◇◇◇◇

□ **1** つぎの文の（　　）に適切な語句や記号，数値を入れなさい。

（1）　電気回路において，スイッチを閉じて電流を流すとき，電流はある時間を経過したのち一定の値となる。この一定の値を（　　）①値といい，この状態を（　　）②状態という。また，（　　）③になるまでの状態を（　　）④状態という。このような（　　）⑤状態になるまでの現象を（　　）⑥という。

（2）　R-C 直列回路では，直流電圧を加えた瞬間から，コンデンサ $C$ の端子電圧が定常値の 63.2 % に達するまでの時間を（　　）①といい，その値は（　　）②×（　　）③〔s〕で表される。

（3）　R-L 直列回路では，時定数は $T=$（　　）①で表される。また，直流電圧を加えてから，時定数に等しい時間を経過したときの電流は（　　）②値の約（　　）③%である。

□ **2** $C=30\,\mu\text{F}$，$R=8\,\text{k}\Omega$ の R-C 直列回路における時定数 $T$〔s〕を求めなさい。

答 $T=$ _____

□ **3**　$C=48\,\mu\mathrm{F}$ の $R$–$C$ 直列回路において，時定数 $T$ を $0.05\,\mathrm{s}$ にするために必要な抵抗 $R$ 〔kΩ〕を求めなさい。

答 $R=$ ＿＿＿＿＿＿＿

□ **4**　$L=0.5\,\mathrm{H}$，$R=1\,\mathrm{k\Omega}$ の $R$–$L$ 直列回路における時定数 $T$ 〔ms〕を求めなさい。

答 $T=$ ＿＿＿＿＿＿＿

□ **5**　$L=8\,\mathrm{mH}$ の $R$–$L$ 直列回路において，時定数 $T$ を $0.002\,\mathrm{s}$ とするために必要な抵抗 $R$ 〔Ω〕を求めなさい。

答 $R=$ ＿＿＿＿＿＿＿

◆◇◆◇◆◇　**ステップ 2**　◇◆◇◆◇◆

|||||||||||　**例題**　5　|||||||||||||||||||||||||||||||||||||||||||||||||||||||||||||||||||||||||||||||||||||||

図 **8.7** のような $R$–$C$ 直列回路において，$E=10\,\mathrm{V}$，$R=100$ kΩ，$C=30\,\mu\mathrm{F}$ である。つぎの問に答えなさい。

（1）　回路の時定数 $T$ 〔s〕を求めなさい。

（2）　スイッチ S を閉じてから 3 秒後の回路を流れる電流 $i$ 〔μA〕，抵抗の両端電圧 $v_R$ 〔V〕，コンデンサの両端電圧 $v_C$ 〔V〕を求めなさい。

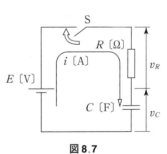

図 8.7

**解答**

（1）　$T=RC=100\times10^{3}\times30\times10^{-6}=3\,\mathrm{s}$

（2）　$i=\dfrac{E}{R}\varepsilon^{-\frac{t}{RC}}=\dfrac{10}{100\times10^{3}}\varepsilon^{-\frac{3}{3}}=36.8\times10^{-6}\,\mathrm{A}=36.8\,\mu\mathrm{A}$

　　　$v_R=Ri=100\times10^{3}\times36.8\times10^{-6}=3.68\,\mathrm{V}$

　　　$v_C=E-Ri=10-3.68=6.32\,\mathrm{V}$

**例題** **6**

図 **8.8** のような $R$–$L$ 直列回路において，$E=15$ V，$R=9\,\Omega$，$L=0.81$ H である。つぎの問に答えなさい。

（1） 回路の時定数 $T$〔s〕を求めなさい。

（2） スイッチ S を閉じてから 18 ms 後の回路に流れる電流 $i$〔A〕，抵抗の両端電圧 $v_R$〔V〕，コイルの両端電圧 $v_L$〔V〕を求めなさい。

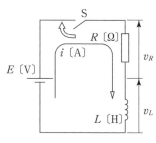

図 **8.8**

**解 答**

（1） $T=\dfrac{L}{R}=\dfrac{0.81}{9}=0.09$ s

（2） $i=\dfrac{E}{R}\left(1-\varepsilon^{-\frac{R}{L}t}\right)=\dfrac{15}{9}\left(1-\varepsilon^{-\frac{18\times10^{-3}}{0.09}}\right)=\dfrac{5}{3}\left(1-\varepsilon^{-0.2}\right)=0.302$ A

$v_R=Ri=9\times0.302=2.72$ V

$v_L=E-v_R=15-2.72=12.3$ V

□ **1** 0.1 F のコンデンサと $10\,\Omega$ の抵抗を直列に接続した回路に，$t=0$ で直流電圧 5 V を加えた。つぎの各値を求めなさい。

**ヒント**！
$i=\dfrac{E}{R}\varepsilon^{-\frac{t}{RC}}$
$v_R=Ri$
$v_C=E-v_R$

（1） 1 秒後の抵抗の端子電圧 $v_R$〔V〕

答 $v_R=$ _____

（2） 1 秒後のコンデンサの端子電圧 $v_C$〔V〕

答 $v_C=$ _____

（3） $t=0$ のときの抵抗の端子電圧 $v_R$〔V〕

答 $v_R=$ _____

（4） $t=0$ のときのコンデンサの端子電圧 $v_C$〔V〕

答 $v_C=$ _____

（5） 定常状態におけるコンデンサの端子電圧 $v_C$〔V〕

答 $v_C=$ _____

□ **2**　図 **8.9** の回路において，つぎの問に答えなさい。

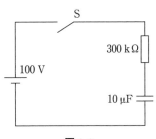

**図8.9**

ヒント!

$$i = \frac{E}{R}\varepsilon^{-\frac{t}{RC}}$$
$$v_R = Ri$$
$$v_C = E - v_R$$

（1）　回路の時定数 $T$〔s〕を求めなさい。

答　$T=$ _____

（2）　スイッチ S を入れてから 3 秒後の電流 $i$〔mA〕を求めなさい。

答　$i=$ _____

□ **3**　図 **8.10** の回路において，つぎの問に答えなさい。

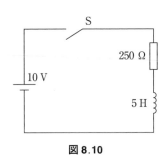

**図8.10**

ヒント!

$$i = \frac{E}{R}\left(1 - \varepsilon^{-\frac{R}{L}t}\right)$$
$$v_R = Ri$$
$$v_L = E - v_R$$

（1）　この回路の時定数 $T$〔s〕を求めなさい。

答　$T=$ _____

（2）　スイッチ S を入れてから 0.01 秒後の電流 $i$〔mA〕を求めなさい。

答　$i=$ _____

（3）　スイッチ S を入れてから時定数に等しい時間が経過したとき，

つぎの各値を求めなさい。

①　電流の大きさ $i$〔mA〕

答　$i=$ _____

② $R$の端子電圧 $v_R$〔V〕

答 $v_R=$ _____

③ $L$の端子電圧 $v_L$〔V〕

答 $v_L=$ _____

□ **4**  20 Ω の抵抗とインダクタンス $L$ を持つコイルとの直列回路に，40 V の直流電圧を加えたところ，0.01 秒後の抵抗の端子電圧が 30 V になった。インダクタンス $L$〔mH〕を求めなさい。

ヒント !
$$i=\frac{E}{R}\left(1-\varepsilon^{-\frac{R}{L}t}\right)$$
$$v_R=Ri$$
$$v_L=E-v_R$$

答 $L=$ _____

## ◆◆◆◆◆ ステップ 3 ◆◆◆◆◆

□ **1**  図 **8.11** の $R$-$C$ 直列回路において，$E=12$ V，$R=20$ kΩ，$C=50$ μF である。つぎの問に答えなさい。

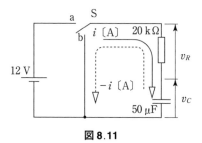

**図 8.11**

（1） 回路の時定数 $T$〔s〕を求めなさい。

答 $T=$ _____

（2） 十分に充電した後，スイッチ S を b 側に閉じて，0.5 秒経過したときの放電電流 $i$〔mA〕，抵抗の両端電圧 $v_R$〔V〕，コンデンサの両端電圧 $v_C$〔V〕を求めなさい。

ヒント !
コンデンサの放電時
$$i=-\frac{E}{R}\varepsilon^{-\frac{t}{RC}}$$
$$v_R=Ri$$
$$v_C=-v_R$$

答 $i=$ _____ , $v_R=$ _____ , $v_C=$ _____

□ **2** 図 **8.12** の回路において，つぎの問に答えなさい。

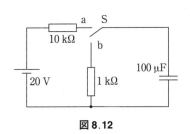

**図 8.12**

ヒント !
コンデンサの充電時
$i = \dfrac{E}{R}\varepsilon^{-\frac{t}{RC}}$
$v_R = Ri$
$v_C = E - v_R$

（1） スイッチ S を a 側に入れ，0.4 秒後に b 側に切り替える直前の充電電流 $i$〔mA〕とコンデンサ $C$ の端子電圧 $v_C$〔V〕を求めなさい。

答 $i =$ ＿＿＿＿＿＿＿ ， $v_C =$ ＿＿＿＿＿＿＿

（2） スイッチ S を切り替えた後，コンデンサ $C$ の放電電流が $1\,\mathrm{mA}$ になるのは何秒後か。

答 $t =$ ＿＿＿＿＿＿＿＿＿

□ **3** 図 **8.13** の回路において，つぎの問に答えなさい。

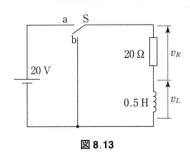

**図 8.13**

（1） 回路の時定数 $T$〔s〕を求めなさい。

答 $T =$ ＿＿＿＿＿＿＿＿＿

（2） スイッチ S を a 側に入れ，十分に時間が経過してから b 側に切り替えて $10\,\mathrm{ms}$ 後の抵抗の端子電圧 $v_R$〔V〕を求めなさい。

ヒント !
$R$-$L$ 直列回路の短絡
時の電流は
$i = -\dfrac{E}{R}\varepsilon^{-\frac{R}{L}t}$
$v_R = Ri$

答 $v_R =$

## 8.3　微分回路と積分回路

❖❖❖❖❖　**ステップ　1**　❖❖❖❖❖

□ **1**　つぎの文の（　　　）に適切な語句を入れなさい。

（1）　パルスとは（　　　　　　　　）①の一種で，一定の（　　　　）②の間に，一定の大きさの電圧が一定の（　　　）③で現れる波形をいう。

（2）　連続パルス波を $R$-$C$ 直列回路に加えたとき，**図 8.14** のようになる。コンデンサの両端の電圧波形は，電荷が積分されて形成されたような形のため（　　　　　　　）①という。また，抵抗の両端の電圧波形は入力された瞬間の変化をとらえているかのような波形となっているため（　　　　　　　）②と呼ばれている。

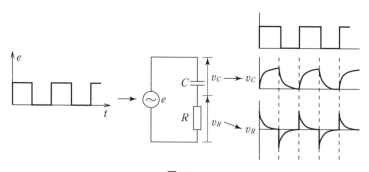

**図 8.14**

◆◆◆◆◆ **ステップ 2** ◆◆◆◆◆

□ **1**　図**8.15**について，つぎの間に答えなさい。

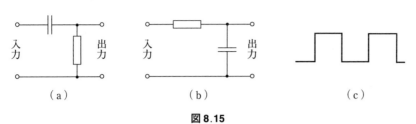

（a）　　　　　　　　（b）　　　　　　　　　（c）

**図 8.15**

（1）　図7.15（a），（b）はそれぞれ何という回路か。回路名を答えなさい。

〔答〕　（a）_____，（b）_____

（2）　図（c）のような方形波を入力端子に加えると，どのような出力波形となるか。① $RC$ ≪ $\tau$，および② $RC$ ≫ $\tau$ の場合について，波形を**図8.16**に描きなさい。

（a）の波形　　　　　　　　（b）の波形

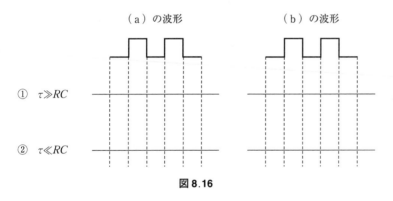

①　$\tau$ ≫ $RC$

②　$\tau$ ≪ $RC$

**図 8.16**

□ **2**　繰返し周波数 $f = 2.5$ kHz のパルス波を微分回路でとがったパルス波にしたい。コンデンサ $C$ の値を 100 pF とすると，$R$ の値〔kΩ〕をいくらにすればよいか。なお，$\dfrac{パルス幅\tau}{繰返し周期T}$ =0.5 とし，時定数 $RC$ がパルス幅の $\dfrac{1}{30}$ 未満であればとがった（微分した）ものとする。

〔答〕_____

# ステップの解答

## 6. 記号法による交流回路の計算

### 6.1 交流回路の複素数表示

〔1〕 複 素 数

**ステップ 1**

**1** （1）① 実部　② 虚部

（2）① $a+jb$

（3）① $r$　② $s$

（4）① 共役複素数

**ステップ 2**

**1** （1）$9-j2$　（2）$5-j22$　（3）$13-j16$

（4）$-17-j32$　（5）$18+j16$

（6）$-40-j5$

**2** （1）$17+j65$　（2）$32-j$

（3）$-42-j708$　（4）$-21-j312$

（5）$-0.38-j1.03$　（6）$3.35-j0.11$

（7）$-0.12-j2.47$　（8）$5.33-j2.67$

〔2〕 複素数のベクトル表示

**ステップ 1**

**1** （1）① $A\angle\varphi$

（2）① $A\cos\varphi$　② $A\sin\varphi$

（3）① $A\cos\varphi$　② $jA\sin\varphi$

**ステップ 2**

**1** ベクトル図は**解図 6.1**

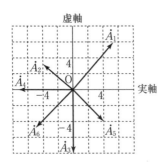

**解図 6.1**

（1）$7.81\angle50.19°$　（2）$5\angle143.13°$

（3）$8\angle-90°$　（4）$7\angle180°$

（5）$5.66\angle-45°$　（6）$7.07\angle-135°$

**2** （1）$8+j6$, $10\angle36.87°$

（2）$j6$, $6\angle90°$

（3）$-8+j8$, $11.3\angle135°$

（4）$-8-j4$, $8.94\angle-153.43°$

（5）$-j4$, $4\angle-90°$

（6）$8-j4$, $8.94\angle-26.57°$

〔3〕 複素数の積および商

**ステップ 1**

**1** （1）$600\angle45°$, $424.26+j424.26$

（2）$96\angle\dfrac{\pi}{2}$, $j96$

（3）$18\angle210°$, $-15.59-j9$

（4）$4\angle\dfrac{\pi}{12}$, $3.86+j1.04$

（5）$2.5\angle-45°$, $1.77-j1.77$

（6）$6\angle90°$, $j6$

**2** $\dot{A}_1=-3$, $\dot{A}_2=-j3$

ベクトル図は**解図 6.2**

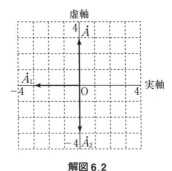

**解図 6.2**

**ステップ 2**

**1** （1）$3\angle30°$　（2）$4.24\angle\dfrac{5}{12}\pi$

（3）$2.4\angle-\dfrac{7}{6}\pi$　（4）$10\angle-11.87°$

**2** $\dot{A}_1=-6+j6$, $\dot{A}_2=-6-j6$

ベクトル図は**解図 6.3**

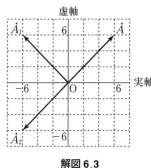

解図 6.3

## 6.2 記号法による交流回路の計算

### 〔1〕 交流回路への記号法の応用

#### ステップ　1

**1** （1） $\dot{V}_1 = 10\angle\dfrac{\pi}{3} = 5 + j8.66$ 〔V〕

（2） $\dot{V}_2 = 17.68\angle -\dfrac{\pi}{4}$
　　　$= 12.5 - j12.5$ 〔V〕

（3） $\dot{I}_1 = 8.84\angle 120° = -4.42 + j7.66$ 〔V〕

（4） $\dot{I}_2 = 6\angle -\dfrac{2}{3}\pi = -3 - j5.2$ 〔V〕

**2** （1） $v_1 = 110.45\sin(\omega t + 50.19°)$ 〔V〕

（2） $v_2 = 48\sin(\omega t - 135°)$ 〔V〕

（3） $i_1 = 19.65\sin(\omega t + 120.26°)$ 〔A〕

（4） $i_2 = 15.30\sin(\omega t - 33.69°)$ 〔A〕

**3** （1） 5 Ω　（2） $j12$ 〔Ω〕　（3） $-j4$ 〔Ω〕

（4） $8 + j6$ 〔Ω〕　（5） $16 - j12$ 〔Ω〕

（6） $-j10$ 〔Ω〕　（7） $5 + j5$ 〔Ω〕

#### ステップ　2

**1** $\dot{I} = 4$ A　**2** $\dot{I} = -j10$ 〔A〕

**3** $\dot{I} = j20$ 〔A〕

**4** $X_L = 15.7$ Ω, $\dot{I} = -j6.37$ 〔A〕

**5** $X_C = 318.47$ Ω, $\dot{I} = j0.314$ 〔A〕

#### ステップ　3

**1** $X_L = 7.54$ Ω, $\dot{V} = j188.5$ 〔mV〕

**2** $X_C = 530.8$ Ω, $\dot{I} = j0.19$ 〔A〕,

　　 $i = 0.27\sin\left(120\pi t + \dfrac{\pi}{2}\right)$ 〔A〕

### 〔2〕 直列回路の計算

#### ステップ　1

**1** $\dot{I} = 15 + j15$ 〔A〕, $\dot{V}_R = 75 + j75$ 〔V〕,

　　 $\dot{V}_C = 75 - j75$ 〔V〕, $\varphi = -45°$

#### ステップ　2

**1** $\dot{I} = 10.77 - j6.15$ 〔A〕,

　　 $\dot{V}_R = 75.39 - j43.05$ 〔V〕,

　　 $\dot{V}_L = 24.6 + j43.08$ 〔V〕, $\varphi = -29.74°$

　　 ベクトル図は**解図 6.4**

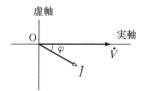

解図 6.4

**2** $\dot{V}_R = 144$ V, $\dot{V}_C = -j360$ 〔V〕,

　　 $\dot{V} = 144 - j360$ 〔V〕, $\varphi = -68.2°$

　　 ベクトル図は**解図 6.5**

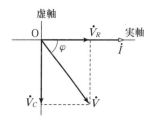

解図 6.5

**3** $\dot{I} = 4$ A, $\dot{V} = 56 + j64$ 〔V〕, $V = 85.04$ V

#### ステップ　3

**1** （1） $\dot{Z} = 9 - j12$ 〔Ω〕

（2） $\dot{I} = 4 + j5.33$ 〔A〕

（3） $\dot{V}_R = 36 + j47.97$ 〔V〕,

　　　 $\dot{V}_L = -53.3 + j40$ 〔V〕,

　　　 $\dot{V}_C = 117.26 - j88$ 〔V〕

（4） $\varphi = 53.11°$

（5） ベクトル図は**解図 6.6**

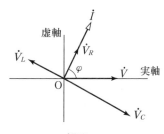

解図 6.6

**2** （1） $\dot{V}_R = 80$ V, $\dot{V}_L = j100$ 〔V〕,

$\dot{V}_C = -j40$ 〔V〕, $\dot{V} = 80 + j60$ 〔V〕

（2）ベクトル図は**解図 6.7**

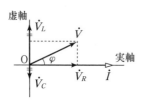

**解図 6.7**

（3）$\varphi = 36.87°$   （4）$X_C = 4\,\Omega$

（5）$C = 796.18\,\mu\text{F}$

**3** $R = 100\,\Omega$, $X_C = 5.31\,\Omega$, $L = 0.85\,\text{mH}$

〔3〕 並列回路の計算

ステップ 1

**1** $\dot{I}_R = 6.67\,\text{A}$, $\dot{I}_C = j10$ 〔A〕,
$\dot{I} = 6.67 + j10$ 〔A〕, $\varphi = 56.3°$

ステップ 2

**1** $\dot{V} = 80\,\text{V}$, $\dot{I}_L = -j16$ 〔A〕,
$\dot{I} = 10 - j16$ 〔A〕, $\varphi = -57.99°$

ベクトル図は**解図 6.8**

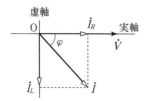

**解図 6.8**

**2** $\dot{Z} = 10 - j5$ 〔Ω〕, $R = 12.5\,\Omega$, $X_C = 25\,\Omega$,
$P = 800\,\text{W}$

**3** $R = 20\,\Omega$, $X_L = 14.29\,\Omega$, $L = 45.5\,\text{mH}$

ステップ 3

**1** （1）$R = 8.33\,\Omega$   （2）$\dot{I}_L = -j10$ 〔A〕
（3）$\dot{I}_C = j4$ 〔A〕   （4）$X_C = 25\,\Omega$
（5）$\dot{Z} = 6.67 + j3.33$ 〔Ω〕

**2** $f_0 = 15.92\,\text{kHz}$, $I_0 = 2\,\text{A}$

〔4〕 並列回路とアドミタンス

ステップ 1

**1** （1）① アドミタンス   ② $\dot{Y}$   ③ S
（2）① $R + jX_L$   ② $\dfrac{R}{R^2 + X_L{}^2}$
③ $\dfrac{X_L}{R^2 + X_L{}^2}$   ④ $G - jB$

（3）① 容量性   ② 進む

ステップ 2

**1** （1）$\dot{Y}_1 = 0.056\,\text{S}$   （2）$\dot{Y}_2 = -j0.2$ 〔S〕
（3）$\dot{Y}_3 = 0.071 - j0.03$ 〔S〕
（4）$\dot{Y}_4 = 0.027 + j0.047$ 〔S〕
（5）$\dot{Y}_5 = 0.038 - j0.058$ 〔S〕

**2** （1）$\dot{Z} = 4.41 + j2.65$ 〔Ω〕,
$\dot{Y} = 0.17 - j0.1$ 〔S〕, $G = 0.17\,\text{S}$,
$B = 0.1\,\text{S}$
（2）$\dot{Z} = 12.78 + j5.33$ 〔Ω〕,
$\dot{Y} = 0.067 - j0.028$ 〔S〕,
$G = 0.067\,\text{S}$, $B = 0.028\,\text{S}$

ステップ 3

**1** 〔解法 1〕
（1）$\dot{I} = 12.5 + j16.67$ 〔A〕
（2）$\varphi = 53.14°$

〔解法 2〕
（1）$G = 0.125\,\text{S}$   （2）$B = 0.166\,7\,\text{S}$
（3）$\dot{I} = 12.5 + j16.67$ 〔A〕
（4）$\varphi = 53.14°$

〔5〕 複雑な回路

ステップ 1

**1** （1）$\dot{I}_R = 10\,\text{A}$, $\dot{I}_x = -j5$ 〔A〕
（2）$\dot{I} = 10 - j5$ 〔A〕
（3）$\dot{V}_C = -100\,\text{V}$   （4）$\varphi = -26.57°$

**2** $L_x = 2.4\,\text{mH}$

ステップ 2

**1** （1）$\dot{I}_L = 1 - j2$ 〔A〕, $\dot{I}_C = 2 + j$ 〔A〕
（2）$\dot{I} = 3 - j$ 〔A〕
（3）$\varphi = -18.43°$   （4）$P = 300\,\text{W}$

**2** （1）$\dot{V}_x = 90\,\text{V}$   （2）$\dot{I}_L = -j6$ 〔A〕
（3）$\dot{I} = j4$ 〔A〕   （4）$\dot{V} = 90 + j48$ 〔V〕
（5）$\varphi = 61.93°$

**3** （1）$\dot{Z} = 3.84 - j1.12$ 〔Ω〕
（2）$\dot{I} = 24 + j7$ 〔A〕
（3）$\dot{V}_R = 72 + j96$ 〔V〕
（4）$\dot{I}_L = 12 - j9$ 〔A〕
（5）$\dot{I}_R = 12 + j16$ 〔A〕   （6）$P = 2.4\,\text{kW}$

**4** $R_x = 0.5\,\Omega$, $L_x = 40\,\text{mH}$

ステップ 3

**1** $R = 3\,\Omega$, $X_L = 4.33\,\Omega$

**2** （1）$\dot{I}_0 = 0\,\text{A}$   （2）$\dot{Z} = 2 - j$ 〔Ω〕

（3）$\dot{I}=4+j2$ 〔A〕, $\dot{I}_a=\dot{I}_b=2+j$ 〔A〕

## 6.3 回路網の計算

**ステップ 1**

**1** （1）$\dot{I}_1+\dot{I}_2=\dot{I}_3$

（2）$100=j10\dot{I}_1+20\dot{I}_3$

（3）$j100=-j10\dot{I}_2+20\dot{I}_3$

（4）$\dot{I}_1=20-j30$ 〔A〕,

$\dot{I}_2=-30+j20$ 〔A〕,

$\dot{I}_3=-10-j10$ 〔A〕

**2** （1）$\dot{I}_1'=20-j10$ 〔A〕, $\dot{I}_2'=20$ A,

$\dot{I}_3'=-j10$ A

（2）$\dot{I}_1''=j20$ 〔A〕, $\dot{I}_2''=-10+j20$ 〔A〕,

$\dot{I}_3''=-10$ A

（3）$\dot{I}_1=20-j30$ 〔A〕,

$\dot{I}_2=-30+j20$ 〔A〕,

$\dot{I}_3=-10-j10$ 〔A〕

**3** （1）$\dot{I}_l=-j10$ 〔A〕 （2）$\dot{V}_{ab}=200$ V

（3）$\dot{Z}_{ab}=20-j20$ 〔Ω〕

（4）$\dot{I}_0=8+j4$ 〔A〕

**ステップ 2**

**1** $\dot{I}_1=j0.4$ 〔A〕, $\dot{I}_2=1+j0.4$ 〔A〕,

$\dot{I}_3=1+j0.8$ 〔A〕

**2** $\dot{I}_1=-15+j5$ 〔A〕, $\dot{I}_2=5-j15$ 〔A〕,

$\dot{I}_3=-10-j10$ 〔A〕

**3** $\dot{I}=1-j2$ 〔A〕

# 7. 三 相 交 流

## 7.1 三相交流回路

**ステップ 1**

**1** （1）① $\dfrac{2}{3}\pi$　② 三相交流

（2）① 相　② 相　③ $\dfrac{\pi}{6}$　④ 進み

⑤ $\sqrt{3}$

（3）① $\dfrac{\pi}{6}$　② 遅れ　③ $\sqrt{3}$

**ステップ 2**

**1** （1）$e_a=100\sqrt{2}\sin\omega t$,

$e_b=100\sqrt{2}\sin\left(\omega t-\dfrac{2}{3}\pi\right)$,

$e_c=100\sqrt{2}\sin\left(\omega t-\dfrac{4}{3}\pi\right)$

（2）① $100\angle 0$　② $100$

③ $100\angle-\dfrac{2}{3}\pi$　④ $-50-j50\sqrt{3}$

⑤ $100\angle-\dfrac{4}{3}\pi$　⑥ $-50+j50\sqrt{3}$

**2** $\dot{V}_{ab}=200\angle\dfrac{\pi}{6}=173.2+j100$ 〔V〕,

$\dot{V}_{bc}=200\angle-\dfrac{\pi}{2}=-j200$ 〔V〕,

$\dot{V}_{ca}=200\angle-\dfrac{7}{6}\pi=-173.2+j100$ 〔V〕

**3** $V_l=210$ V　**4** $E_p=127$ V, $I_p=5$ A

**5** $I_p=1.44$ A, $E_p=200$ V　**6** $I_l=11.5$ A

**7** $I_p=20$ A, $I_l=34.6$ A

**8** $I_p=21$ A, $I_l=36.4$ A

**9** $I_p=5.64$ A, $I_l=9.77$ A　**10** $I_l=30$ A

**ステップ 3**

**1** $V_{ab}=346$ V, $V_{bc}=200$ V, $V_{ca}=200$ V

**2** $E_p=75$ V

**3** $\dot{I}_l=10\angle-60°$ 〔A〕, $V_l=173$ V, $\varphi=90°$

**4** $I_p=10$ A, $I_l=17.3$ A, $\dot{I}_{pa}=5-j8.66$ 〔A〕,

$\dot{I}_{pb}=-10$ A, $\dot{I}_{pc}=5+j8.66$ 〔A〕

$\dot{I}_a=-j17.3$ 〔A〕, $\dot{I}_b=-15+j8.66$ 〔A〕,

$\dot{I}_c=15+j8.66$ 〔A〕

**5** $I_l=17.3$ A

**6** $I_{pc}=8.33$ A, $I_{pr}=19.2$ A, $I_l=24.1$ A

**7** $I_l=11.5$ A　**8** $I_l=5$ A

## 7.2 三相交流電力

**ステップ 1**

**1** （1）① 単相　② 各相

（2）① $3E_pI_p$　② $\sqrt{3}\,V_lI_l$

（3）① $P_1+P_2$　② 電圧

③, ④ $P_1-P_2$　$-P_1+P_2$（順不同）

**ステップ 2**

**1** $P_3=1.6$ kW　**2** $P_3=1.5$ kW

**3** $P_3=2.42$ kW　**4** $\cos\varphi=0.923$（92.3 %）

**5** $P_3=9.6$ kW

**6** $Z=8.66$ Ω, $R=6$ Ω, $X=6.24$ Ω

**7** $P_3=15.6$ kW

**ステップ 3**

**1** $P_3 = 3.89\,\mathrm{kW}$  **2** $P_3 = 4.16\,\mathrm{kW}$

**3** $P_1 = 539\,\mathrm{W}$,  $P_2 = 880\,\mathrm{W}$

## 7.3 回 転 磁 界

**ステップ 1**

**1** （1）① $\dfrac{3}{2}H_m$  ② 一定

（2）① $\dfrac{120f}{p}$  ② 同期速度

（3）① 相順  ② 二つ  ③ 逆

**2** 解図 **7.1**

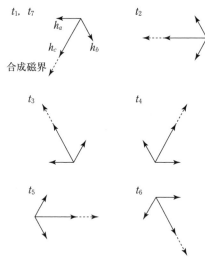

**解図 7.1**

**3** $N_s = 1\,800\,\mathrm{min}^{-1}$

# 8. 各種の波形

## 8.1 非正弦波交流

**ステップ 1**

**1** （1）① 非正弦波  ② 非正弦波

③ 基本波  ④ 整数  ⑤ 高調波

（2）① 第2調波  ② 第3調波

③ 第 $n$ 調波  ④ 次数  ⑤ 次数

⑥ 奇数調波  ⑦ 偶数調波

（3）① 奇数  ② 偶数

（4）① 実効値  ② ひずみ

（5）① 周波数  ② 最大値  ③ スペクトル

（6）① 平均値  ② 和

**2** （1）対称  （2）非対称

**3** 第3調波：150 Hz,  第4調波：200 Hz,

第5調波：250 Hz

**4** 第5調波

**ステップ 2**

**1** （1） $V = 61.1\,\mathrm{V}$,  $k = 58.3\,\%$

（2） $V = 120.4\,\mathrm{V}$,  $k = 67.1\,\%$

**2** 解図 **8.1**

（1）

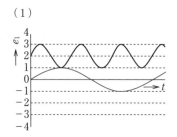

（2）

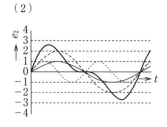

（3）

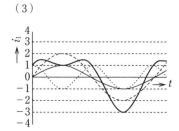

（4）

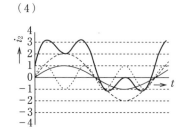

**解図 8.1**

**3** （1） $e = 2\sin\omega t + \sin\left(2\omega t + \dfrac{\pi}{2}\right)$

（2）$e = 3 \sin \omega t + \sin 2\omega t$

（3）$e = 3 \sin \omega t + \sin \left(2\omega t - \dfrac{\pi}{2}\right)$

**4** $Z_2 = 25\,\Omega$,　$Z_4 = 42.7\,\Omega$

**5** $Z_1 = 10\,\Omega$,　$Z_3 = 6.57\,\Omega$

**6** $Z_1 = 36.1\,\Omega$,　$Z_5 = 96.8\,\Omega$

**7** $I = 5.39\,A$　**8** $I = 7.35\,A$

**9** $V = 500\,V$　**10** $P = 2.5\,kW$

## ステップ　3

**1** $V_1 = 21.2\,V$,　$V_3 = 7.07\,V$,　$V_5 = 4.24\,V$,
　$V = 22.8\,V$,　$k = 38.9\,\%$

**2** $I = 3.17\,A$　**3** $I = 4.07\,A$

**4** $R = 18\,\Omega$　**5** $P = 336\,W$

**6** $P = 852\,W$

## 8.2　過 渡 現 象

### ステップ　1

**1**（1）① 定常　② 定常　③ 定常値
　　　　④ 過渡　⑤ 定常　⑥ 過渡現象

（2）① 時定数
　　　②，③ $C$, $R$（順不同）

（3）① $\dfrac{L}{R}$　② 定常　③ 63.2

**2** $T = 0.24\,s$　**3** $R = 1.04\,k\Omega$

**4** $T = 0.5\,ms$　**5** $R = 4\,\Omega$

### ステップ　2

**1**（1）$v_R = 1.84\,V$　（2）$v_C = 3.16\,V$

（3）$v_R = 5\,V$　（4）$v_C = 0\,V$

（5）$v_C = 5\,V$

**2**（1）$T = 3\,s$　（2）$i = 0.123\,mA$

**3**（1）$T = 0.02\,s$　（2）$i = 15.7\,mA$

（3）① $i = 25.3\,mA$　② $v_R = 6.33\,V$
　　　③ $v_L = 3.67\,V$

**4** $L = 144\,mH$

### ステップ　3

**1**（1）$T = 1\,s$

（2）$i = -0.364\,mA$,　$v_R = -7.28\,V$,
　　　$v_C = 7.28\,V$

**2**（1）$i = 1.34\,mA$,　$v_C = 6.59\,V$

（2）$t = 0.189\,s$

**3**（1）$T = 0.025\,s$　（2）$v_R = 13.4\,V$

## 8.3　微分回路と積分回路

### ステップ　1

**1**（1）① 非正弦波交流　② 時間　③ 周期

（2）① 積分波形　② 微分波形

### ステップ　2

**1**（1）（a）微分回路　（b）積分回路

（2）**解図 8.2**

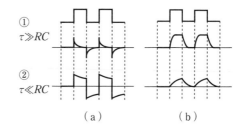

**解図 8.2**

**2** $R = 66.7\,k\Omega$ 未満

## 電気回路（下）トレーニングノート

©Kato, Yamamoto, Kamiya, Matsumura 2021

2021 年 9 月 30 日　初版第 1 刷発行

| | | |
|---|---|---|
| | 検印省略 | |

| 編 著 者 | 加藤 修司 |
| | 山本 智也 |
| | 藤本 智弘 |
| 編 者 | 神谷 弘一 |
| 著 者 | 松村 照司 |
| 発 行 者 | 株式会社　コロナ社 |
| | 代 表 者　牛来真也 |
| 印 刷 所 | 新日本印刷株式会社 |
| 製 本 所 | 有限会社　愛千製本所 |

112-0011　東京都文京区千石 4-46-10

**発行所　株式会社 コロナ社**
CORONA PUBLISHING CO., LTD.
Tokyo Japan

振替 00140-8-14844・電話 (03) 3941-3131 (代)
ホームページ　https://www.coronasha.co.jp

ISBN 978-4-339-00947-7　C3054　Printed in Japan　　　　（柏原）